高等职业教育水利类"十三五"系列教材

湖南省示范特色专业群建设系列成果

重力坝案例分析 与实训

主 编 张馨玉 刘贵书

副主编 丁 琼 冯思佳 刘宇利

中国水利水电出版社

www.waterpub.com.cn

·北京·

内 容 提 要

　　本教材以一个案例为导向，按设计的基本工作过程，将案例分解成若干任务，基于系统化的工作过程来组织教学内容。全书共分为十一个任务，主要介绍了水库调洪计算、非溢流坝设计、重力坝的荷载及其组合、重力坝的稳定分析、重力坝的应力分析、溢流重力坝设计、重力坝的泄水孔布置、重力坝细部构造设计、重力坝的地基处理、重力坝总体布置图绘制、其他类型重力坝认知等重力坝设计相关的内容。

　　本教材可作为高职高专水利水电建筑工程、水利工程、水利工程监理、水利工程施工等专业的通用教材，也可供生产、建设、管理及服务人员参考使用。

图书在版编目（CIP）数据

重力坝案例分析与实训 / 张馨玉，刘贵书主编. --
北京 ：中国水利水电出版社，2018.4
高等职业教育水利类"十三五"系列教材　湖南省示
范特色专业群建设系列成果
ISBN 978-7-5170-6387-2

Ⅰ. ①重… Ⅱ. ①张… ②刘… Ⅲ. ①重力坝－高等
职业教育－教材 Ⅳ. ①TV649

中国版本图书馆CIP数据核字（2018）第076720号

书　　名	高等职业教育水利类"十三五"系列教材 湖 南 省 示 范 特 色 专 业 群 建 设 系 列 成 果 **重力坝案例分析与实训** ZHONGLIBA ANLI FENXI YU SHIXUN
作　　者	主　编　张馨玉　刘贵书 副主编　丁　琼　冯思佳　刘宇利
出版发行	中国水利水电出版社 （北京市海淀区玉渊潭南路1号D座　100038） 网址：www. waterpub. com. cn E - mail：sales@ waterpub. com. cn 电话：（010）68367658（营销中心）
经　　售	北京科水图书销售中心（零售） 电话：（010）88383994、63202643、68545874 全国各地新华书店和相关出版物销售网点
排　　版	中国水利水电出版社微机排版中心
印　　刷	三河市鑫金马印装有限公司
规　　格	184mm×260mm　16开本　7印张　166千字
版　　次	2018年4月第1版　2018年4月第1次印刷
印　　数	0001—1500册
定　　价	**24.00元**

前　言

　　高职人才培养的基本模式和教育路径是工学结合，工学结合的课程内涵是"学习的内容是工作，通过工作实现学习"。工学结合课程体系的课程目标是培养综合职业能力，课程开发的方法是典型工作任务分析，课程内容的载体是综合性的学习（任务教学），课程实施以行为导向学习为主，培养适应生产、建设、管理及服务第一线需要的人才。

　　本书是以一个案例为导向，按设计的基本工作过程，将案例分解成若干任务，基于系统化的工作过程来组织教学内容。在任务教学中，将知识的学习与单项技能训练结合在一起，围绕工作任务，开展知识学习和技能训练。根据完成工作任务的过程，将综合技能分解成几个单项技能，并根据单项技能所需知识细化教学内容。

　　全书通过实际工程案例进行教学，将理论知识融入实际工程任务中，在完成任务的同时，学习知识和掌握技能，克服了学生对枯燥理论知识的畏惧和厌烦，能起到事半功倍的作用。本书中还加入了新颖的学习方式，利用二维码拓展知识和扫码答题，提高学生学习兴趣。

　　本书由湖南水利水电职业技术学院张馨玉、刘贵书任主编，丁琼、冯思佳、刘宇利任副主编。由于编者水平有限，书中存在的不足之处敬请使用本书的师生与读者批评指正，以便修订时改进。如读者在使用本书的过程中有其他意见和建议，恳请向编者（14360767@qq.com）提出宝贵意见，不胜感谢！

编者

2017 年 11 月

目 录

案　例

一、流域概况及枢纽任务

枝江干流全长 1200km，流域面积 25400km²，上游 95％为山地，河床狭窄，水流湍急；中游大部分为丘陵地带，河床较宽；下游岸为冲积平原，人口最密，为重要农业区域，且有一个中等工业城市，但下游河床淤高，主要靠堤防挡水，每当汛期，常受洪水威胁。枝江流域内物产以农产品为主，有稻谷、小麦、玉米、甘薯等，矿产资源较少，燃料缺乏。

D 枢纽位于枝江上游，其目的是为减轻洪水对枝江中下游 95 万亩农田的威胁，枢纽的主要任务是防洪、灌溉等综合利用效益。

1. 坝址地形

在该枢纽坝址地区，河床狭窄，仅 100 多米宽，但随着高程增高两岸便趋于平坦。两岸高度在 200m 以上，海拔在 400m 以上，在坝址处右岸较左岸陡，右岸平均坡度为 0.5 左右，左岸为 0.4 左右。坝址位于河湾的下游，在坝址上游十余千米有一开阔地带，是形成水库的良好条件。

2. 坝址地质

坝址地质构造比较简单，主要岩层为黑色硅质页岩和燧石，上有 3～9m 的覆盖层，系河砂卵石，近风化泥土层及崩石，其岩层性质为：黑色硅质页岩，属沉积岩，为硅质胶结，根据勘测结果，该岩层性坚硬致密，仅岩石上层 10～18m 深度存在有裂缝和节理，不是很严重，但须加以处理，经过压水试验，岩石的单位吸水量为 0.1L/min。燧石：其岩层不宽，分布于左岸，岩性较黑色硅质页岩弱。岩层走向：左岸为 SW30°，右岸为 SE5°，倾角为 50°～70°，倾向上游。在坝址处，据目前资料尚未发现断层。

硅质页岩的力学性质如下：

（1）天然含水量时的平均容重：2600kg/m³。

（2）基岩抗压强度：1000～1200kg/cm²。

（3）坚固系数：12～15。

（4）岩石与混凝土之间的抗剪断摩擦系数为 $f'=0.85$，抗剪断凝聚力系数 $c'=7.0$kg/cm²；抗剪摩擦系数 $f=0.65$。

3. 水文气象

该枢纽位于我国中部，气候温和，雨量丰富，雨量多集中于 6—9 月，此 4 个月为丰水期，多暴雨。流域及河流坡度较陡，故洪水来势凶猛。枯水期在 10 月至次年 5 月，1—4 月为最枯季节。该河流自 1954 年开始建立水文站，枢纽距该水文站不远。

（1）多年月平均流量见表 0-1。

表 0－1   多年月平均流量

月份	1	2	3	4	5	6	7	8	9	10	11	12
流量/(m³/s)	60	50	80	100	180	420	650	600	440	240	150	95

（2）各种时期不同频率的洪峰流量见表 0－2。

表 0－2   各种时期不同频率的洪峰流量

频率/%	0.01	0.02	0.1	1.0	2.0	5	10
洪水期洪峰/(m³/s)	5890	5600	4750	3630	3300	2800	2500
枯水期洪峰/(m³/s)	—	—	—	—	270	250	208

（3）降雨量资料见表 0－3。

表 0－3   降 雨 量 资 料

月 份	1	2	3	4	5	6
各月平均降雨量/mm	5.2	8.8	18.5	34.0	32.6	80.3
各月平均降雨次数	2.4	3.7	5.9	6.3	8.5	8.1
月 份	7	8	9	10	11	12
各月平均降雨量/mm	118.0	140.0	125.2	60.1	28.2	8.0
各月平均降雨次数	6.3	9.80	10.1	8.8	7.8	2.2

一日最大降雨量曾达 90.5mm。

（4）气温记录及冰冻情况见表 0－4。

表 0－4   气温记录及冰冻情况

月 份	1	2	3	4	5	6
多年月平均气温/℃	4.2	6.5	11.5	17.5	22.1	25.9
最高气温/℃	13.5	20.0	28.5	30.4	35.2	39
最低气温/℃	−7.0	−4.7	−2.3	1.5	8.0	13.0
月 份	7	8	9	10	11	12
多年月平均气温/℃	28.6	27.7	22.7	16.8	10.4	4.7
最高气温/℃	38.5	37.2	36.0	28.0	21.1	15.3
最低气温/℃	17.5	16.0	10.0	2.5	−2.1	−4.8

年平均气温为 16.5℃。河道常年不结冰，在寒冷的情况下，地面有冰冻现象，但历时短。

（5）河道泥沙情况。根据坝址附近水文站的统计，本河流年平均输沙量为 $1.8 \times 10^6 m^3$，在河流上游山区有部分森林，其他地方亦在进行造林工作和其他水土保持工作。水土保持生效年限可采用 30 年，泥沙饱和容重取 $1.4t/m^3$，泥沙内摩擦角为 0°。

（6）水库吹程、风速。吹程为 3.0km；洪水期多年平均最大风速为 12m/s。50 年重现期的最大风速为 15m/s。

（7）坝址流量。水位-流量关系见表0-5。

表0-5　　　　　　　　　　　　　　水位-流量关系表

流量/(m³/s)	200	500	1000	2000	3000	4000	5000	5500
水位/m	141.46	143.13	144.80	146.95	148.68	150.41	152.10	152.96

（8）水位-库容曲线如图0-1所示。

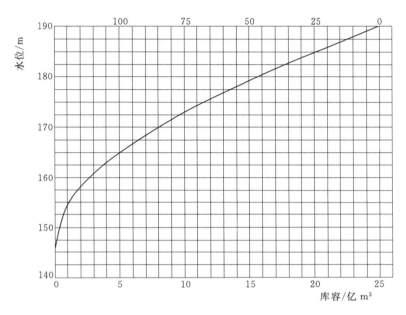

图0-1　水位-库容曲线

（9）实测洪水过程线如图0-2所示。

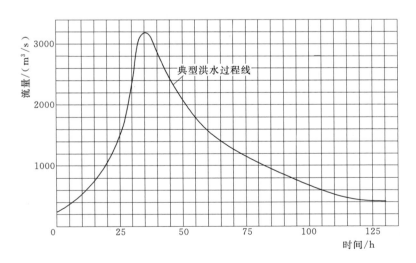

图0-2　典型洪水过程线

4．当地材料分布情况

在坝址上、下游两岸有大量的河砂和较多的卵石，椐初步调查，河砂的储蓄量为 $8.2 \times 10^5 m^3$，渗透系数 $K=4 \times 10^{-2} cm/s$，卵石储量有 $5.8 \times 10^5 m^3$，大部分在上海。在坝址下游 3km 左右，有部分土壤；储量不多，约 $5.2 \times 10^4 m^3$，$K=1 \times 10^{-3} cm/s$。在本河流上游地区，有部分山区森林，可作筑坝所需木材之用。

5．交通运输

（1）陆路：目前已有三级公路通过本地区，离坝址 150km 处有铁路，且与公路衔接。

（2）外地材料运输：主要靠铁路、公路，部分可用木船，运输较方便。

（3）施工动力与施工机械的供应：施工动力大部分可由坝址下游处的县城供给，不足的由离坝址 70km 的县城供给。施工机械的供应是方便的。

（4）劳动力：坝址所在地区有足够的农业劳动力；在满足农业生产的要求下，可以抽调一部分农业劳动力参加枢纽之修建工作。

6．其他设计资料

（1）水库最高洪水位不得超过 182.00m。

（2）正常蓄水位 178.20m。

（3）防洪限制水位 176.00m。

（4）死水位 166.28m。

（5）设计洪水时安全泄量 2000m³/s。

（6）校核洪水时安全泄量 2500m³/s。

（7）总库容 16 亿 m³。

（8）淤沙高程 155.00m。

（9）水库放空时间要求在 35 天以内。

工 作 任 务 书

工作任务	任务一　水库调洪计算		建议学时	4 学时
班级		学员姓名	工作日期	

实训内容与目标	（1）防洪标准的选定； （2）调洪演算的原理； （3）调洪演算的方法
实训步骤	（1）根据已知条件，利用 SL 252—2017《水利水电工程等级划分及洪水标准》查出洪水标准； （2）利用调洪计算的方法计算出闸孔宽度和数量
提交成果	（1）调洪计算计算书； （2）编制 Excel 运算表格
考核方式	（1）知识考核采用笔试、提问； （2）技能考核依据设计报告和运算表格进行提问、现场答辩、项目答辩、项目技能过关考试

工作评价	小组互评	同学签名：_____　　年　月　日
	组内互评	同学签名：_____　　年　月　日
	教师评价	教师签名：_____　　年　月　日

任务一　水库调洪计算

在河流上修建水库，通过兴利调节计算，可以把枯水年或枯水年组的径流重新分配，以满足各用水部门的需水要求。但是，由于天然河流水资源存在着利弊两重性，设计或运用水库时，既要考虑兴利问题，又应注意防洪问题。水库防洪的任务：一是修建泄洪建筑物，保护水库不受到洪水溢顶造成大坝失事；二是设置防洪库容，蓄纳洪水或阻滞洪水，减轻下游地区的洪水威胁，以保证下游防护区的安全。因此，水库防洪计算一般是在兴利计算的基础上，合理地定出泄洪设备参数和选择有关防洪参数，诸如防洪库容、设计洪水位、校核洪水位以及坝高等。

一、水库的调洪作用

当水库有下游防洪任务时，它的作用主要是削减下泄洪水流量，使其不超过下游河床的安全泄量。水库的任务主要是滞洪，即在一次洪峰到来时，将超过安全泄量的那部分洪水暂时拦蓄在水库中，待洪峰过后，再将拦蓄的洪水下泄掉，腾出库容来迎接下一次洪水。

若水库不需要承担下游防洪任务，则洪水期下泄流量可不受限制。

在水库调蓄洪水的过程中，入库洪水、下泄洪水、拦蓄洪水的库容、水库水位的变化以及泄洪建筑物型式和尺寸等之间存在着密切的关系。水库调洪计算的目的，正是为了定量地找出它们之间的关系，以便为决定水库的有关参数和泄洪建筑物型式、尺寸提供依据。

二、防洪标准

在水库调洪过程中，入库洪水的大小不同，下泄洪水、拦蓄库容、水库水位变化等也将不同。通常，入库洪水的大小要根据防洪标准或水工建筑物的设计标准来选定。因此，在调洪计算时，必须先确定一个合理的防洪标准或水工建筑物的设计标准（表1-1～表1-4）。

表1-1　　　　　　　　　　　　　水利水电工程等级划分

工程等别	工程规模	水库总库容/(10⁸m³)	防洪		治涝	灌溉	供水	发电
			保护城镇及工况企业的重要性	保护农田/(10⁴亩)	治涝面积/(10⁴亩)	灌溉面积/(10⁴亩)	供水对象重要性	装机容量/(10⁴kW)
Ⅰ	大（1）型	≥10	特别重要	≥500	≥200	≥150	特别重要	≥120
Ⅱ	大（2）型	10～1.0	重要	500～100	200～60	150～50	重要	120～30
Ⅲ	中型	1.0～0.1	中等	100～30	60～15	50～5	中等	30～5
Ⅳ	小（1）型	0.1～0.01	一般	30～5	15～3	5～0.5	一般	5～1
Ⅴ	小（1）型	0.01～0.001		<5	<3	<0.5		<1

表1-2 永久性水工建筑物级别划分

工程等别	主要建筑物	次要建筑物	工程等别	主要建筑物	次要建筑物
Ⅰ等	1级	3级	Ⅳ等	4级	5级
Ⅱ等	2级	3级	Ⅴ等	5级	5级
Ⅲ等	3级	4级			

表1-3 山区、丘陵区水利水电工程永久性水工建筑物洪水标准（重现期） 单位：年

项 目		水工建筑物级别				
		1级	2级	3级	4级	5级
设计		1000～500	500～100	100～50	50～30	30～20
校核	土石坝	可能最大洪水（PMF）或10000～5000	5000～2000	2000～1000	1000～300	300～200
	混凝土坝、浆砌石坝	5000～2000	2000～1000	1000～500	500～200	200～100

表1-4 平原区水利水电工程永久性水工建筑物洪水标准（重现期） 单位：年

项 目		水工建筑物级别				
		1级	2级	3级	4级	5级
水库工程	设计	300～100	100～50	50～20	20～10	10
	校核	2000～1000	1000～300	300～100	100～50	50～20
拦河水闸	设计	100～50	50～30	30～20	20～10	10
	校核	300～200	200～100	100～50	50～30	30～20

由于水库要承担下游防洪任务，故除了要选定水工建筑物的设计标准外，还要选定下游防护对象的防洪标准（表1-5）。

表1-5 防护对象的防洪标准

防 护 对 象			防 洪 标 准	
城镇	工矿区	农田面积/万亩	重现期/年	频率/%
特别重要城市	特别重要工矿区	>500	>100	<1
重要城市	重要工矿区	100～500	50～100	2～1
中等城市	中等工矿区	30～100	2～50	5～2
一般城市	一般工矿区	<30	10～20	10～5

三、水库调洪计算的原理

水库调洪计算的基本原理是逐时段地联立求解水库的水量平衡方程和水库的蓄泄方程。

1. 水库水量平衡方程

水库水量平衡方程，表示在某一时段 Δt 内，入库水量减去出库水量，应等于该时段

内水库增加或减少的蓄水量。水量平衡方程可写为

$$\frac{Q_1+Q_2}{2}\Delta t - \frac{q_1+q_2}{2}\Delta t = V_2 - V_1 \tag{1-1}$$

式中　　Q_1、Q_2——时段始、末的入库流量，m^3/s；

　　　　q_1、q_2——时段始、末的出库流量，m^3/s；

　　　　V_1、V_2——时段始、末的水库蓄水量，m^3；

　　　　　　Δt——计算时段，s。

调洪计算时，入库洪水过程 $Q-t$ 是已知的。即方程中 Q_1、Q_2 为已知数。计算时段 Δt 可根据精度要求，视入库洪水过程的变化情况而定。一般，陡涨陡落的应取短些；变换平缓的可取长些。时段初的水库蓄水量 V_1 与下泄流量 q_1 可由前一时段求得。未知的只有 V_2 与 q_2，为了求解，需建立第二个方程，即水库的蓄泄方程。

2. 水库蓄泄方程

水库泄流建筑物的泄流能力是指某一泄流水头下的泄流量。在溢洪道无闸门控制或闸门全开情况下，溢洪道的泄流量可按堰流公式计算，即

$$q_{溢} = M_1 B H^{3/2} \tag{1-2}$$

式中　　$q_{溢}$——溢洪道的泄流量，m^3/s；

　　　　H——溢洪道堰上水头，m；

　　　　B——溢洪道堰顶净宽，m；

　　　　M_1——流量系数，可查水力学书籍。

泄洪洞的泄流量可按有压管流计算，即

$$q_{洞} = M_2 \omega H^{1/2} \tag{1-3}$$

式中　　$q_{洞}$——泄洪洞的泄流量，m^3/s；

　　　　H——泄洪洞计算水头，非淹没出流时，为库水位与洞口中心高程之差；淹没出流
　　　　　　时，为上、下游水位之差，m；

　　　　ω——泄洪洞洞口的断面面积，m^2；

　　　　M_2——流量系数，可查水力学书籍。

对于具体的水库而言，当泄流建筑物型式与尺寸一定时，泄流量只取决于泄流水头或水库蓄水量。即泄流量是泄流水头或库水位（即库蓄水量）的单值函数。于是式（1-2）与式（1-3）可用下面的蓄泄方程来统一表示，即

$$q = f(V) \tag{1-4}$$

或　　　　　　　　　　　　$$q = f(Z) \tag{1-5}$$

这样，联立求解方程式（1-1）与式（1-4）或式（1-5），就可求得 V_2 与 q_2。

蓄泄方程在调洪计算中，一般是以 $q = f(V)$ 或 $q = f(Z)$ 的蓄泄曲线表示。

四、水库调洪计算的方法

水库的调洪计算，就是逐时段地求解方程组式（1-1）和式（1-4）。常用的方法有列表试算法、半图解法和简化三角形法等。

1. 列表试算法

列表试算法是最基本的，也是应用最广的调洪计算法。它是将水量平衡方程式（1-1）

中的各项，用表1-7的格式列出，再逐时段地进行下泄流量的试算。对于无闸控制自由泄流，具体的步骤是：

（1）根据库容曲线和拟定的泄流建筑物型式和尺寸，用泄流公式计算与绘制$q-V$蓄泄曲线。

（2）根据水库汛期的控制运用方式，确定调洪计算的起始条件。即确定起调水位和相应的库容、下泄流量。

（3）从第一时段开始，逐时段进行泄流量q的试算。即假设第一时段末的下泄流量q_2，由式（1-1）求得V_2，再由V_2在$q-V$曲线上查得q_2，若两者相等，则所设q_2同时满足式（1-1）和式（1-4），即为所求。否则需重新假设q_2，重复上述计算过程，直至两者相等为止。这样，便完成了一个时段的计算工作。接下去，把这一时段末的V_2、q_2作为下一时段的V_1与q_1，再进行下一时段的试算。如此连续下去，便可求得整个泄流过程$q-t$。

（4）将入库洪水$Q-t$过程计算所得的泄流$q-t$过程绘在同一张图上，若计算所得的最大下泄流量q_m正好是两线的交点，说明计算的q_m正确。否则，应缩小q_m附近的计算时段Δt，重新进行试算，直至计算的q_m正好是两线的交点为止。

（5）由q_m查$q-V$关系线，可得最高洪水位时的库容V_m。由V_m减去起调水位相应的库容，即得水库为调节该次入库洪水所需的调洪库容$V_{洪}$。再由V_m查水位-库容曲线，就可得到最高洪水位Z_m。显而易见，当入库洪水为相应枢纽设计标准的洪水，而起调水位为汛限水位时，求得的$V_{洪}$和Z_m即是设计调洪库容的设计洪水位。当入库洪水为校核标准的洪水，起调水位为汛限水位时，求得的$V_{洪}$和Z_m即是校核调洪库容与校核洪水位。

当水库溢洪道有闸门控制时，列表试算法照样可以适用。

2. 半图解法

为避免试算法的繁复试算，实际工作中常采用$q-\left(\dfrac{V}{\Delta t}+\dfrac{q}{2}\right)$辅助线的半图解法。由于解算过程中只用到$q-\left(\dfrac{V}{\Delta t}+\dfrac{q}{2}\right)$一条辅助线，所以该法也称为单辅助线法。

该法的关键是将水量平衡方程式（1-1）中的已知项与未知项分别归并到等号两边，并加以改写，即

$$\frac{V_2}{\Delta t}+\frac{q_2}{2}=\frac{Q_1+Q_2}{2}-q_1+\frac{V_1}{\Delta t}+\frac{q_1}{2} \tag{1-6}$$

与之对应，式（1-4）也加以改写，即

$$q=f\left(\frac{V}{\Delta t}+\frac{q}{2}\right) \tag{1-7}$$

于是，当时段初V_1、q_1以及入流Q_1和Q_2已知时，式（1-6）的右端即为已知。这等于左端$\dfrac{V_2}{\Delta t}+\dfrac{q_2}{2}$也为已知。当事先做好了$q-\left(\dfrac{V}{\Delta t}+\dfrac{q}{2}\right)$辅助线，则由$\dfrac{V_2}{\Delta t}+\dfrac{q_2}{2}$值即可查得时段末的$q_2$值。对于下一段，上时段末$Q_2$、$V_2$、$q_2$即为本时段初的$Q_1$、$V_1$、$q_1$，于是重复同样的步骤，又可求得下一段末的$q_2$、$V_2$。如此逐时段连续计算，便可求得水库的泄流过程$q-t$线。

需要指出的是，由于做辅助线时 Δt 需取固定值，且 $q-\left(\dfrac{V}{\Delta t}+\dfrac{q}{2}\right)$ 线是由蓄泄曲线 $q-v$ 转换而来，故此做法只适用于自由泄流（无闸或闸门全开）和 Δt 固定的情况。当有闸控制泄流时，应按控制的泄流调洪；当 Δt 有变化时，应按改变后的 Δt 重作辅助线或用试算法计算。

3. 简化三角形法

中小型水库作规划设计，进行多方案比较时，往往只需求出最大下泄流量 q_m 与调洪库容 V_m，而无需求出整个泄流过程。此时，可采用简化三角形法进行调洪计算。该法的基本要点是假定入库与出库流量过程可以概化为三角形，如图 1-1 所示。于是入库洪水总量为

$$W=\frac{1}{2}Q_m T \qquad (1-8)$$

调洪库容 V_m 为

$$V_m=\frac{1}{2}Q_m T-\frac{1}{2}q_m T$$
$$=\frac{1}{2}Q_m T\left(1-\frac{q_m}{Q_m}\right) \qquad (1-9)$$

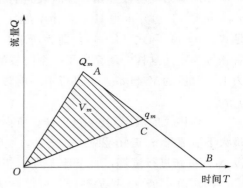

图 1-1　简化三角形法调洪计算示意图

式中　Q_m、q_m——入库洪峰流量和出库最大泄流量，m^3/s；

T——洪水历时，s。

将式（1-8）代入式（1-9），则有

$$V_m=W\left(1-\frac{q_m}{Q_m}\right) \qquad (1-10)$$

$$q_m=Q_m\left(1-\frac{V_m}{W}\right) \qquad (1-11)$$

利用式（1-10）或式（1-11）和水库蓄泄曲线 $q=f(v)$，在设计供量 W 和设计洪峰已知的情况下，可以求得未知量 q_m 和 V_m。

具体的求解方法，可用试算法或图解法。

【案例分析】　调洪演算及泄水建筑物尺寸的确定

1. 基本资料

（1）水位-库容曲线，如图 0-1 所示。

（2）实测洪水过程线，如图 0-2 所示。

（3）各类型洪峰值见表 0-2。根据 SL 252—2017《水利水电工程等级划分及洪水标准》的规定，由基本资料中库容 16 亿 m^3 可查出该枢纽工程等别属于Ⅰ等，主要水工建筑物级别为 1 级，由此查出其设计洪水重现期为 1000 年一遇，校核洪水重现期为 5000 年一遇，对应的频率分别为 0.1% 和 0.02%。

2. 限制条件

参加泄洪的不包括放空建筑物流量，最大的下泄流量不得大于安全泄量，设计和校核分别为 $2000m^3/s$ 和 $2500m^3/s$；坝前允许的最高水位不超过 $182.00m$。

3. 设计和校核洪水过程线的推求

查表 0-2 可知，设计洪水过程线取频率为 0.1% 的洪水，对应洪峰 $4750m^3/s$；校核洪水过程线取 0.02%，对应洪峰 $5600m^3/s$。利用洪峰控制的同倍比放大法对典型洪水放大，得到设计和校核洪水过程线。

设计洪水放大系数：
$$K_{Q设} = \frac{Q_{mp}}{Q_m} = \frac{4750}{3175} = 1.5$$

校核洪水放大系数：
$$K_{Q校} = \frac{Q_{mp}}{Q_m} = \frac{5600}{3175} = 1.76$$

采用同倍比放大系数法可得设计洪水和校核洪水过程线的坐标值，见表 1-6，从而画出图 1-2。

表 1-6　　　　　　　　　　典型洪水、设计洪水与校核洪水过程线

$X_{典}/h$	$Y_{典}/(m^3/s)$	$K_{Q设}$	$X_{设}/h$	$Y_{设}/(m^3/s)$	$K_{Q校}$	$X_{校}/h$	$Y_{校}/(m^3/s)$
0	225	1.5	0	337.5	1.76	0	396
5	360	1.5	5	540	1.76	5	633.6
10	540	1.5	10	810	1.76	10	950.4
15	750	1.5	15	1125	1.76	15	1320
20	1070	1.5	20	1605	1.76	20	1883.2
25	1475	1.5	25	2212.5	1.76	25	2596
30	2435	1.5	30	3652.5	1.76	30	4285.6
35	3180	1.5	35	4770	1.76	35	5596.8
40	2850	1.5	40	4275	1.76	40	5016
45	2430	1.5	45	3645	1.76	45	4276.8
50	2080	1.5	50	3120	1.76	50	3660.8
55	1710	1.5	55	2565	1.76	55	3009.6
60	1560	1.5	60	2340	1.76	60	2745.6
65	1410	1.5	65	2115	1.76	65	2481.6
70	1280	1.5	70	1920	1.76	70	2252.8
75	1170	1.5	75	1755	1.76	75	2059.2
80	1050	1.5	80	1575	1.76	80	1848
85	950	1.5	85	1425	1.76	85	1672
90	875	1.5	90	1312.5	1.76	90	1540
95	765	1.5	95	1147.5	1.76	95	1346.4
100	680	1.5	100	1020	1.76	100	1196.8
105	580	1.5	105	870	1.76	105	1020.8
110	530	1.5	110	795	1.76	110	932.8
115	480	1.5	115	720	1.76	115	844.8
120	450	1.5	120	675	1.76	120	792
125	430	1.5	125	645	1.76	125	756.8

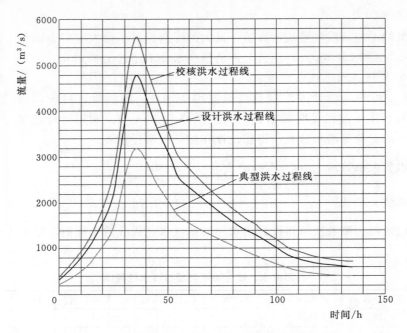

图 1-2 典型洪水、设计洪水与校核洪水过程线图

4. 演算方案拟订

（1）泄洪方式：采用表孔式泄洪。

（2）拟订演算方案（闸孔宽度和数量）。对一般软弱岩石常取 $q=30\sim50\text{m}^3/(\text{s}\cdot\text{m})$，对地质条件好、下游尾水较深和采用消能效果好的消能工，可选取较大的单宽流量。根据本设计的情况，初步选定允许单宽流量 $[q]=75\text{m}^3/(\text{s}\cdot\text{m})$。

溢流前净宽：$L=\dfrac{Q_{泄校}}{[q]}=\dfrac{2500}{75}=33.33(\text{m})$。

堰上水深 H_0：根据堰流公式 $q=m\varepsilon\sqrt{2g}H_0^{3/2}$，推求 $75=0.48\times\sqrt{2\times9.8}H_0^{3/2}$，则 $H_0=10.76(\text{m})$。

堰顶高程：$Z_{堰顶}=Z_{限}-H_0=182-10.76=171.24$（m）。

闸门高：$h=Z_{正常}-Z_{堰顶}=178.2-171.24=6.96(\text{m})$，取 7m。

根据以上基本尺寸现拟订两个方案：

方案一：$b=7\text{m}$，$n=3$，堰顶高程 171.24m。

方案二：$b=8\text{m}$，$n=3$，堰顶高程 171.24m。

5. 计算工况

计算工况分为校核和设计两种。

6. 调洪演算试算法过程

以方案一中校核工况为例，以 5 个小时为一计算时段，5h＝18000s。起始库水位即起调水位为 176m，当 $t_1=0$ 时，下泄流量 q_1 可由式（1-4）得

$$q_1=0.48\times3\times7\times\sqrt{2\times9.8}\times(176-171.24)^{3/2}=463.4(\text{m}^3/\text{s})$$

由于起调是来水量等于泄水量，可设起调时刻的入库洪水流量为 465m³/s，查图 1-2

可知对应的时刻为第 1 小时，故起调时刻为第 1 小时，第一个计算时间段为第 1～5 小时，$q_1=463.4\text{m}^3/\text{s}$，$Q_1=465\text{m}^3/\text{s}$，$Q_2=634\text{m}^3/\text{s}$，$V_1$ 查图 0-1 水位库容曲线可得为 122000 万 m^3。对 q_2、V_2 要试算。试算开始时，先假定 $Z_2=176.01\text{m}$，从图 0-1 查得相应的 $V_2=122050$ 万 m^3，$q_2=0.48\times3\times7\times\sqrt{2\times9.8}\times(176.01-171.24)^{3/2}=464.9\text{m}^3/\text{s}$。于是 $q_平=(q_1+q_2)/2=464.2\text{m}^3/\text{s}$，由式（1-1）可求出 $\Delta V=122.9$ 万 m^3。因此，$V_2'=V_1+\Delta V=122122.9$ 万 m^3，V_2' 与 V_2 接近，可知假设正确。

调洪演算见表 1-7。

表 1-7　　　　　　　　　　调洪演算表（3 孔 7m，工况：设计）

时间 t/h	入库洪水 Q/m^3	入库平均流量 $Q_平/(\text{m}^3/\text{s})$	下泄流量 $q/(\text{m}^3/\text{s})$	平均下泄流量 $q_平/(\text{m}^3/\text{s})$	库容变化 $\Delta V/(\text{万 m}^3)$	库容 $V/(\text{万 m}^3)$	水位 Z/m
(1)	(2)	(6)	(5)	(7)	(8)	(9)	(3)
7	465	637.5	463.4	464.9	186.4	122186	176
10	810	967.5	466.3	473.0	890.2	123077	176.02
15	1125	1365	479.6	492.2	1571.0	124648	176.11
20	1605	1909	504.9	524.7	2491.7	127139	176.28
25	2213	2933	544.5	579.9	4235.6	131375	176.54
30	3653	4211.5	615.3	687.7	6342.9	137718	176.99
35	4770	4522.5	760.1	837.4	6633.2	144351	177.86
40	4275	3960	914.7	969.8	5382.3	149733	178.73
45	3645	3382.5	1024.9	1065.4	4170.8	153904	179.32
50	3120	2887.5	1105.9	1139.4	3146.7	157051	179.74
55	2655	2497.5	1172.9	1206.0	2324.7	159375	180.08
60	2340	2227.5	1239.2	1264.7	1733.1	161109	180.41
65	2115	2017.5	1290.2	1308.7	1275.8	162384	180.66
70	1920	1837.5	1327.3	1340.9	894.0	163278	180.84
75	1755	1665	1354.4	1361.7	545.9	163824	180.97
80	1575	1500	1369.0	1371.1	232.0	164056	181.04
85	1425	1369	1373.2	1373.2	7.6	164049	181.06
90	1313	1230.5	1373.2	1370.1	251.2	163797	181.06
95	1148	1084	1366.9	1360.6	498.5	163299	181.03
100	1020	907.5	1354.4	1332.6	1530.3	161769	180.97
110	795	735	1310.8	1281.0	1965.8	159803	180.76
120	675		1251.3				180.47

由表 1-7 可知最大下泄流量出现在 85～90h 之间，用内差法计算得最大下泄流量为 1373.4$\text{m}^3/\text{s}<2000\text{m}^3/\text{s}$，满足安全下泄流量的要求，同时最高水位为 $Z_{max}=181.06\text{m}<182.00\text{m}$，满足要求。

7. 调洪演算结果及其分析

将上述结果整理为表 1-8。

表 1-8　　调洪演算成果表

方案	孔宽/m	起调流量	类型	$q_{max}/(m^3/s)$	V_{max}/万 m^3	Z_{max}/m
方案一	21	465	校核	1612.3	167500	182.06
			设计	1373.4	156000	181.06
方案二	24	530	校核	1718	169470	181.67
			设计	1491.2	156300	180.7

在考虑 Z_{max} 不超过坝前最高水位 182.00m 情况下，只有方案二能满足限制条件，选用该方案，即 3 个孔、每孔 8m 的方案。

同时可得出设计洪水位 180.70m，校核洪水位 181.67m；堰顶高程 171.24m，闸孔宽度 8m。

自 测 题

一、填空题

1. 水库调洪计算常用的方法有（　　　　　）、（　　　　　）和（　　　　　）等。

2. 水利水电枢纽工程按其规模、效益和在国民经济中的重要性划分为（　　　　　），枢纽中的建筑物则根据所属工程的等级及其在工程中的作用和重要性划分为（　　　　　）。

3. 由于水库要承担下游防洪任务，故除了要选定水工建筑物的设计标准外，还要选定（　　　　　）。

4. 水库调洪计算的基本原理，是逐时段地联立求解（　　　　　　　　　　）和（　　　　　）。

二、案例分析

某水库总库容 $1.1 \times 10^8 m^3$，拦河坝为混凝土重力坝，最大坝高 148m，大坝建筑物的级别是多少？防洪标准是多少？

工作名称	任务二　非溢流坝设计		建议学时	4 学时
班级		学员姓名	工作日期	

实训内容与目标	（1）能拟定非溢流重力坝的剖面尺寸； （2）利用 CAD 绘制非溢流坝剖面图； （3）能正确使用重力坝设计规范和水工设计手册
实训步骤	（1）简化荷载条件并结合工程经验，拟定出坝坡系数和坝顶宽、坝底宽； （2）根据公式计算出坝顶高程； （3）根据坝的运用和安全要求，将基本剖面修改为实用剖面
提交成果	（1）非溢流坝设计计算书； （2）绘制非溢流坝剖面图
考核方式	（1）知识考核采用笔试、提问； （2）技能考核依据设计报告和设计图纸进行提问、现场答辩、项目答辩、项目技能过关考试
工作评价	小组互评	同学签名：_____　　　年　月　日
	组内互评	同学签名：_____　　　年　月　日
	教师评价	教师签名：_____　　　年　月　日

任务二　非溢流坝设计

子任务一　重力坝的认知

重力坝是一种古老而又应用广泛的坝型，它因主要依靠坝体自重产生的抗滑力维持稳定而得名。通常修建在岩基上，用混凝土或浆砌石筑成。坝轴线一般为直线，垂直坝轴线方向设有永久性横缝，将坝体分为若干个独立坝段，以适应温度变化和地基不均匀沉陷，坝的横剖面基本上是上游近于铅直的三角形。如图2-1所示。

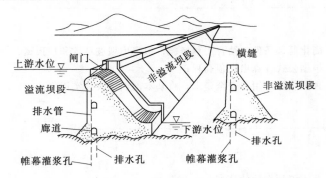

图2-1　混凝土重力坝示意图

一、重力坝的工作原理及特点

重力坝的工作原理是在水压力及其他荷载的作用下，主要依靠坝体自身重量在滑动面上产生的抗滑力来满足稳定要求；同时也依靠坝体自重在水平截面上产生的压应力来抵消由于水压力所引起的拉应力，以满足强度要求。与其他坝型比较，其主要特点有：

（1）结构作用明确，设计方法简便。重力坝沿坝轴线用横缝将坝体分成若干个坝段，各坝段独立工作，结构作用明确，稳定和应力计算都比较简单。

（2）泄洪和施工导流比较容易解决。重力坝的断面大，筑坝材料抗冲刷能力强，适用于在坝顶溢流和坝身设置泄水孔。在施工期可以利用坝体或底孔导流。枢纽布置方便紧凑，一般不需要另设河岸溢洪道或泄洪隧洞。在意外的情况下，即使从坝顶少量过水，一般也不会招致坝体失事，这是重力坝最大的优点。

（3）结构简单，施工方便，安全可靠。坝体放样、立模、混凝土浇筑和振捣都比较方便，有利于机械化施工。而且由于剖面尺寸大，筑坝材料强度高，耐久性好，因此抵抗水的渗透、冲刷以及地震和战争破坏的能力都比较强，安全性较高。

（4）对地形、地质条件适应性强。地形条件对重力坝的影响不大，几乎任何形状的河谷均可修建重力坝。重力坝对地基的要求虽比土石坝高，但低于拱坝及支墩坝，对于无重大缺陷、一般强度的岩基均可满足要求。

（5）受扬压力影响较大。坝体和坝基在某种程度上都是透水的，渗透水流将对坝体产生扬压力。由于坝体和坝基接触面较大，故受扬压力影响也大。扬压力的作用方向与坝体自重的方向相反，会抵消部分坝体的有效重量，对坝体的稳定和应力不利。

（6）材料强度不能充分发挥。由于重力坝的断面是根据抗滑稳定和无拉应力条件确定的，坝体内的压应力通常不大，使材料强度得不到充分发挥，这是重力坝的主要缺点。

（7）坝体体积大，水泥用量多，一般均需采取温控散热措施。许多工程因施工时温度控制不当而出现裂缝，有的甚至形成危害性裂缝，从而削弱坝体的整体性能。

二、重力坝的类型

（1）按坝的高度分类，可分为高坝、中坝、低坝三类。坝高大于70m的为高坝；坝高为30～70m的为中坝；坝高小于30m的为低坝。坝高指的是坝体最低面（不包括局部深槽或井、洞）至坝顶路面的高度。

（2）按筑坝材料分类，可分为混凝土重力坝和浆砌石重力坝。一般情况下，较高的坝和重要的工程经常采用混凝土重力坝；中、低坝则可以采用浆砌石重力坝。

（3）按泄水条件分类，可分为溢流坝和非溢流坝。坝体内设有泄水孔的坝段和溢流坝段统称为泄水坝段。非溢流坝段也可称作挡水坝段，如图2-1所示。

（4）按施工方法分类，可分为浇筑式混凝土重力坝和碾压式混凝土重力坝。

（5）按坝体的结构型式分类，可分为实体重力坝［图2-2（a）］、宽缝重力坝［图2-2（b）］、空腹重力坝［图2-2（c）］、预应力锚固重力坝、支墩坝。

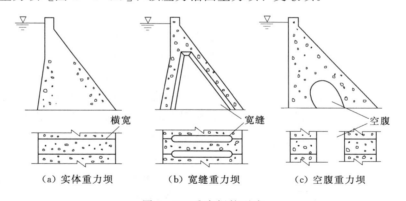

（a）实体重力坝　　　　（b）宽缝重力坝　　　　（c）空腹重力坝

图2-2　重力坝的型式

三、重力坝的设计内容

（1）总体布置。首先选择坝址、坝轴线和坝的结构型式，然后确定坝体与两岸及交叉建筑物的连接方式，最终确定坝体在枢纽中的布置。

（2）剖面设计。可参照已建的类似工程，初拟剖面尺寸。

（3）稳定分析。验算坝体沿坝基面或沿地基深层软弱结构面的抗滑稳定安全度。

（4）应力分析。用材料力学法对坝体进行强度校核，使坝体、坝基应力满足要求。

（5）构造设计。根据施工和运行要求，确定坝体细部构造，包括廊道、排水、分缝、止水等。

（6）地基处理。地基的开挖、防渗（帷幕灌浆）、排水、断层、破碎带的处理等。

（7）溢流重力坝和泄水孔的孔口设计。堰顶高程、孔口尺寸、体型、消能防冲设计等。

（8）监测设计。包括坝体内部和外部的观测设计，制定大坝的运行、维护和监测条例。

子任务二 非溢流坝剖面设计

重力坝剖面设计的任务是在满足稳定和强度要求的条件下，求得一个施工简单、运用方便、体积最小的剖面。影响剖面设计的因素很多，主要有作用荷载、地形地质条件、运用要求、筑坝材料、施工条件等。其设计步骤一般是：首先简化荷载条件并结合工程经验，拟定出基本剖面；再根据坝的运用和安全要求，将基本剖面修改为实用剖面，并进行稳定计算和应力分析；优化剖面设计，得出满足设计原则条件下的经济剖面；最后进行构造设计和地基处理。

一、基本剖面

重力坝承受的主要荷载是静水压力、扬压力和自重，控制剖面尺寸的主要指标是稳定和强度要求。因为作用于上游面的水压力呈三角形分布，所以重力坝的基本剖面是三角形，如图 2-3 所示。

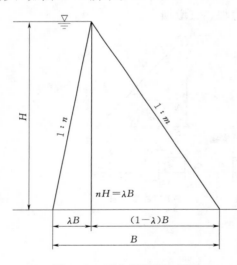

图 2-3 重力坝的基本剖面

图中坝高 H 是已知的，关键是要确定最小坝底宽 B 以及上、下游边坡系数 n、m。经分析计算可知，坝体断面尺寸与坝基的好坏关系密切，当坝体与坝基的摩擦系数较大时，坝体断面由应力条件控制；当摩擦系数较小时，坝体断面由稳定条件控制。根据工程经验，重力坝基本剖面的上游边坡系数常采用 0～0.2，下游边坡系数常采用 0.6～0.8，坝底宽为坝高的 0.7～0.9 倍。

二、实用剖面

1. 坝顶宽度

由于运用和交通的需要，坝顶应有足够的宽度。坝顶宽度应根据设备布置、运行、检修、施工和交通等需要确定，并满足抗震、特大洪水时抢护等要求。无特殊要求时，常态混凝土坝坝顶最小宽度为 3m，碾压混凝土坝为 5m，一般取坝高的 1/8～1/10。若有交通要求或有移动式启闭机设施时，应根据实际需要确定。

2. 坝顶超高

实用剖面必须加上安全高度，坝顶应高于校核洪水位，坝顶上游防浪墙顶的高程应高于波浪顶高程。坝顶高于水库静水位的高度按下式计算：

$$\Delta h = h_{1\%} + h_z + h_c \qquad (2-1)$$

式中　Δh——坝顶高于水库静水位的高度，m；

　　　$h_{1\%}$——累积频率为1%时的波浪高度，计算方法见任务三中的"波浪要素"，m；

　　　h_z——波浪中心线至静水面的高度，计算方法见任务三中的"波浪要素"，m；

　　　h_c——安全超高，m，按表2-1选用。

表2-1　　　　　　　　　　　　　安　全　超　高　h_c

运用情况	坝的安全级别		
	Ⅰ等	Ⅱ等	Ⅲ等
	1级水工建筑物	2级、3级水工建筑物	4级、5级水工建筑物
正常蓄水位	0.7	0.5	0.4
校核洪水位	0.5	0.4	0.3

必须注意，在计算$h_{1\%}$和h_z时，正常蓄水位和校核洪水位采用不同的计算风速值。正常蓄水位时，采用重现期为50年的最大风速；校核洪水位时，采用多年平均最大风速。故坝顶高程或坝顶上游防浪墙顶高程应按下列两式计算，并取大值：

$$Z_{坝顶}（坝顶高程）＝Z_{正}（正常蓄水位）＋\Delta h_{正} \qquad (2-2)$$

$$Z_{坝顶}（坝顶高程）＝Z_{校}（校核洪水位）＋\Delta h_{校} \qquad (2-3)$$

式中　$\Delta h_{正}$——计算的坝顶（或防浪墙顶）距正常蓄水位的高度，m；

　　　$\Delta h_{校}$——计算的坝顶（或防浪墙顶）距校核洪水位的高度，m。

有时为了同时满足稳定和强度的要求，重力坝的上游面布置成倾斜面或折面（图2-4），这样可利用部分水重，以满足坝体抗滑稳定要求，同时也避免了施工期下游面产生拉应力。折坡点高度应结合引水管、泄水孔的进口布置等因素确定，一般为坝前最大水头的1/3～2/3。

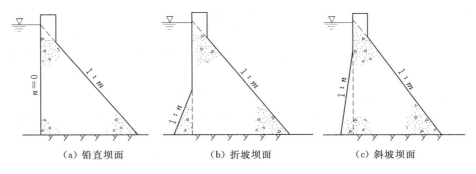

（a）铅直坝面　　　　　　　（b）折坡坝面　　　　　　　（c）斜坡坝面

图2-4　重力坝常用剖面型式

三、优化设计

前面介绍的由三角形基本剖面经反复验算修改成为实用剖面的方法，是工程设计中常用的坝体经济剖面选择方法，但此方法试算工作繁重，故较难真正求得最优剖面。近些年来，大中型工程设计一般都要进行优化设计。重力坝结构优化设计要点如下。

1．设计变量

一个结构的设计方案是由若干个变量来描述的，首先规定描述坝体体形的设计参数。对于实体重力坝，一般是上、下游坝面的坡率，坝体高度，坝顶宽度，坝顶距上、下游起坡点的高度等。这些参数中的一部分是按照某些具体要求事先给定的，它们在优化设计过程中始终保持不变，称为预定参数，如坝体高度、坝顶宽度等。另一部分参数在优化过程中是可以变化的，称为设计变量，如上、下游坝面的坡率，起坡点等。

2．建立目标函数

一般取结构重量或造价作为目标函数。由于重力坝的造价主要取决于坝体混凝土的工程量，所以常取坝体体积作为目标函数，记为 $V(x)$。

3．确定约束条件

根据重力坝设计规范的规定，对坝段的稳定和应力施加限制，同时考虑布置和施工要求，规定设计参数的上、下限，如上游坡度不为倒坡，也不易太缓等。在给定预定参数情况下，求一组设计变量 $\{x\}=[A]^{\mathrm{T}}$，使目标函数 $V(x)$ 趋于最小。

4．选择求解方法

目标函数和约束条件都是设计参数的非线性函数，因此重力坝的优化设计是一个非线性规划问题，具体计算方法可参考有关书籍。

【案例分析】 非溢流坝段设计

1．坝顶高程确定

坝顶高程应高于校核洪水位，坝顶上游防浪墙顶的高程应高于波浪顶高程，其与正常蓄水位或校核洪水位的高差，可根据 SL 319—2005《混凝土重力坝设计规范》，由式（2-1）计算。

$$\Delta h = h_{1\%} + h_z + h_c$$

（1）h_c 查表 2-1 可知：正常蓄水位时的安全超高 $h_c=0.7\mathrm{m}$，校核洪水位时的安全超高 $h_c=0.5\mathrm{m}$。

（2）波浪要素计算：由于水库属于内陆峡谷水库，故宜按官厅水库公式来计算（参考任务三中扬压力计算）。

1）正常蓄水位情况：

由资料可知，$v_0=15\mathrm{m/s}$，$D=3000\mathrm{m}$，则 $gD/v_0^2=9.8\times3000/15^2=130.7$，在 $20\sim250$ 之间，故所求出的 h 为累积频率 5% 的波高 $h_{5\%}$。将已知的数据代入公式可得：

$$\frac{9.8 h_{5\%}}{15^2}=0.0076\times(15)^{-1/12}\left(\frac{9.8\times3000}{15^2}\right)^{1/3}$$

$$\frac{9.8 L_m}{15^2}=0.331\times(15)^{-1/2.15}\left(\frac{9.8\times3000}{15^2}\right)^{1/3.75}$$

解得 $\qquad h_{5\%}=0.706\mathrm{m}$，$\quad L_m=7.87\mathrm{m}$

则 $\qquad h_{1\%}=1.24 h_{5\%}=0.706\times1.24=0.875(\mathrm{m})$

$$h_z=\frac{\pi h_{1\%}^2}{L_m}\mathrm{cth}\frac{2\pi H}{L_m}\approx\frac{\pi h_{1\%}^2}{L_m}=\frac{3.14\times0.706^2}{7.876}=0.199(\mathrm{m})$$

2）校核洪水位情况：

由资料可知，$v_0=12\text{m/s}$，则 $gD/v_0^2=9.8\times3000/12^2=205$，在 $20\sim250$ 之间，故所求出的 h 为累积频率 5% 的波高 $h_{5\%}$。将已知的数据代入公式可得：

$$\frac{9.8h_{5\%}}{12^2}=0.0076\times(12)^{-1/12}\times\left(\frac{9.8\times3000}{12^2}\right)^{1/3}$$

$$\frac{9.8L_m}{12^2}=0.331\times(12)^{-1/2.15}\times\left(\frac{9.8\times3000}{12^2}\right)^{1/3.75}$$

解得 $\qquad\qquad\qquad h_{5\%}=0.535\text{m}, \quad L_m=6.303\text{m}$

则 $\qquad\qquad\qquad h_{1\%}=1.24h_{5\%}=1.24\times0.535=0.663(\text{m})$

$$h_z=\frac{\pi h_{1\%}^2}{L_m}\operatorname{cth}\frac{2\pi H}{L_m}\approx\frac{\pi h_{1\%}^2}{L_m}=\frac{3.14\times0.663^2}{6.303}=0.143(\text{m})$$

将成果汇于表 2-2 中。

表 2-2　　　　　　　　混凝土坝非溢流坝段坝顶高程计算成果汇总表

工　况		正常蓄水位	设计洪水位	校核洪水位
高差 Δh	h_c/m	0.70	—	0.50
	h_z/m	0.199	—	0.143
	$h_{1\%}/\text{m}$	0.875	—	0.663
水位/m		178.20	180.70	182.67
计算坝顶高程		179.97	—	182.98

防浪墙顶高程＝正常蓄水位＋$\Delta h_正$

防浪墙顶高程＝校核洪水位＋ $\Delta h_校$

根据规定选用其中的较大值。由表 2-2 可知，坝顶高程为 182.98m。

2. 拟定挡水建筑物剖面

（1）剖面的设计原则：满足稳定和强度要求，保证大坝安全；工程量小；运用方便；便于施工。

（2）基本断面。非溢流坝段的基本断面呈三角形，其顶点宜在坝顶附近，基本断面上部设坝顶结构。根据工程经验，一般情况下，上游坝坡坡率 $n=0\sim0.2$，常做成铅直或上部铅直下部倾向上游；下游坝坡坡率 $m=0.6\sim0.8$；底宽为坝高的 $0.7\sim0.9$ 倍。

本设计拟定：上游坝面为上部铅直下部倾向下游，上游坝面下部坡率 $n=0.2$，下游坝坡坡率 $m=0.73$，即 1：0.73；三角形顶点高程为 181.00m，建基面高程 141.80m，则坝高 41.18m，计算出底宽等于 32.62m，在 $41.18\times(0.7\sim0.8)=29.26\sim32.94$m 之间，符合要求。

（3）实用剖面：根据交通和运行管理等需要，坝顶应有足够的宽度。一般取坝高的 $8\%\sim10\%$，且不小于 5m。

本设计取坝顶宽度 5m，则可计算出下游折坡点的高程为 174.15m。廊道断面多为城门型，宽为 $2.5\sim3$m，高为 $3\sim4$m，底面距基岩面不宜小于 1.5 倍廊道宽度。故本设计廊道宽取 2.5m，高取 3m，底面距基岩面 5m，距上游垂直面 3m。坝体排水管，根据规范，排水管距为 $2.0\sim3.0$m，内径为 $15\sim25$cm，本设计取管距 2.5m，内径 20cm。帷幕灌浆：

坝高为 41.18m，小于 100m，故只设置一排帷幕，帷幕孔距为 1.5～3m，本设计取 2m。由此可得出非溢流坝剖面图，如图 2-5 所示。

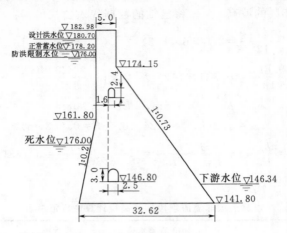

图 2-5　非溢流坝剖面图（单位：m）

自　测　题

一、选择题

1. 下列重力坝是按坝体的结构型式分类的有（　　）。

A. 混凝土重力坝　　　　B. 浆砌石重力坝　　　　C. 实体重力坝　　　　D. 溢流重力坝

2. 高度超过（　　）的坝属于高坝。

A. 50m　　　　　　　　B. 60m　　　　　　　　C. 70m　　　　　　　　D. 100m

3. 重力坝的基本剖面为（　　）。

A. 梯形　　　　　　　　B. 三角形　　　　　　　C. 矩形　　　　　　　　D. 正方形

4. 高度低于（　　）的坝属于低坝。

A. 30m　　　　　　　　B. 40m　　　　　　　　C. 20m　　　　　　　　D. 50m

5. 扬压力的作用方向与坝体自重的方向（　　）。

A. 相同　　　　　　　　　　　　　　　　　　　B. 相反

二、填空题

1. 重力坝按结构分为（　　　　　　）、（　　　　　　　　）、宽缝重力坝、预应力锚固重力坝、支墩坝五种类型。

2. 重力坝承受的主要荷载是（　　　　　　　　　　　），控制剖面尺寸的主要指标是（　　　　　）和（　　　　　　），所以重力坝的基本剖面是三角形。

3. 重力坝按泄水条件可分为（　　　　　　）、（　　　　　　）两种类型。

4. 重力坝的基本剖面是（　　　　　　）。

5. 安全超高由（　　　　）水位和（　　　　　）水位两种运用情况决定。

三、判断题

1. 重力坝顶宽度一般取坝高的 8%～10%，且不小于 3m。当在坝顶布置移动式启闭

机时，坝顶宽度要满足安装门机轨道的要求。 （ ）

2. 重力坝的坝顶高程一定是由校核洪水位情况决定的。 （ ）

3. 非溢流坝折坡点高度应结合引水管、泄水孔的进口布置等因素确定，一般为坝前最大水头的 $1/3\sim2/3$。 （ ）

4. 坝高为 55m 的坝可以称为中坝。 （ ）

5. 坝体体积小，水泥用量少，一般不需采取温控散热措施。 （ ）

工 作 任 务 书				
任务名称	任务三 重力坝的荷载及其组合		建议学时	6 学时
班级		学员姓名	工作日期	

实训内容与目标	（1）能进行重力坝主要荷载的计算； （2）能应用 Excel 表格并进行荷载组合（基本组合、特殊组合）的计算； （3）能正确使用重力坝设计规范和水工设计手册
实训步骤	（1）绘制重力坝荷载分布图； （2）根据规范计算重力坝主要荷载； （3）应用 Excel 表格进行荷载组合计算
提交成果	（1）非溢流坝的荷载计算过程； （2）荷载计算表格
考核方式	（1）知识考核采用笔试、提问； （2）技能考核依据设计报告和设计表格、图纸进行提问、现场答辩、项目答辩、项目技能过关考试

工作评价	小组互评	同学签名：_____ 年 月 日
	组内互评	同学签名：_____ 年 月 日
	教师评价	教师签名：_____ 年 月 日

任务三　重力坝的荷载及其组合

作用在重力坝上的主要荷载有：坝体自重，上、下游坝面上的水压力、扬压力、浪压力或冰压力、泥沙压力以及地震荷载等。

一、荷载计算

荷载计算包括确定荷载的大小、方向、作用点。一般按单位坝长进行分析，对溢流坝段则通常取一个坝段进行计算。

（一）自重（包括永久设备重）

坝体自重是维持大坝稳定的主要荷载，其大小可根据坝的体积和材料重度计算确定。

$$G = \gamma_c V \tag{3-1}$$

式中　G——坝体自重，kN；

　　　V——坝的体积，m^3；

　　　γ_c——筑坝材料的重度，kN/m^3。

筑坝材料重度选用的是否合适，直接影响坝的安全和经济，对此必须慎重。在初步设计阶段可根据材料种类按表 3-1 选取，施工图设计阶段应通过现场实验确定。

表 3-1　　　　　　　　　　　　　筑 坝 材 料 的 重 度

筑坝材料	混凝土	浆砌石	浆砌条石	细骨料混凝土砌石
重度/(kN/m³)	23.5~24	21~23	23~25	23~24

（二）水压力

1. 挡水坝段的静水压力

静水压力可按水力学的原理计算。坝面上任意一点的静水压强为 $p = \gamma_0 y$，其中 γ_0 为水的重度，y 为该点距水面深度。当坝面倾斜或为折面时，为了计算方便，常将作用在坝面上的水压力分为水平水压力和垂直水压力分别计算（图 3-1）。

$$P_1 = \frac{1}{2} \gamma_0 H_2^2 \tag{3-2}$$

$$W_1 = \gamma_0 V \tag{3-3}$$

2. 溢流坝段的水压力

溢流坝段坝顶闸门关闭挡水时，静水压力计算与挡水坝段完全相同。在泄水时，作用在上游坝面的水压力可按式（3-2）近似计算，如图 3-2 所示。

$$P = \frac{1}{2} \gamma_0 (H_1^2 - h^2) \tag{3-4}$$

式中　P——单位坝长的上游水平压力，kN/m，作用在压力图形的形心；

　　　H_1——上游水深，m；

　　　h——坝顶溢流水深，m；

　　　γ_0——水的重度，一般采用 $9.81kN/m^3$。

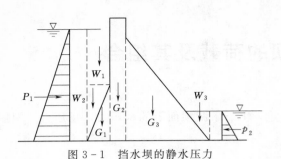

图 3-1 挡水坝的静水压力

图 3-2 溢流坝的水压力

3. 溢流坝下游反弧段的动水压力

可根据流体动量方程求得。若假设反弧段始、末两断面的流速相等，则单位坝长在该反弧段上动水压力的总水平分力 P_x 与总垂直分力 P_y 的计算公式如下：

$$P_x = \frac{\gamma_0 q v}{g}(\cos\theta_2 - \cos\theta_1) \tag{3-5}$$

$$P_y = \frac{r_0 q v}{g}(\sin\theta_2 - \sin\theta_1) \tag{3-6}$$

式中 q——鼻坎处单宽流量，$\mathrm{m^3/(s \cdot m)}$；

v——反弧段上的平均流速，$\mathrm{m/s}$；

θ_1、θ_2——反弧段圆心竖线左、右的中心角。

P_x、P_y 的作用点，可近似地认为作用在反弧段中央，其方向以图 3-2 所示为正。溢流面上的脉动水压力和负压对坝体稳定和坝内应力影响很小，可以忽略不计。

（三）扬压力

1. 坝基面上的扬压力

扬压力由上、下游水位差产生的渗透水压力和下游水深产生的浮托力两部分组成，其大小可按扬压力分布图形进行计算。影响扬压力分布及数值的因素很多，设计时根据坝基地质条件、防渗及排水措施、坝体的结构形式等综合考虑选用扬压力计算图形。

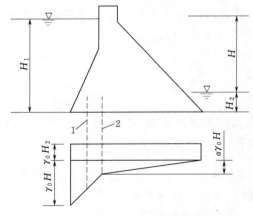

图 3-3 设有防渗帷幕和排水幕重力坝
坝基面扬压力

1—防渗帷幕；2—主排水幕

（1）坝基设有防渗帷幕和排水幕的实体重力坝。

防渗帷幕和排水幕是重力坝减小渗透压力的常用措施。防渗帷幕是通过在岩基中钻孔灌浆而成的，其渗透系数远小于周围岩石的渗透系数，渗透水流绕过或渗过帷幕时要消耗很大的能量，从而使帷幕后的渗透压力大为降低。排水幕是一排由钻机钻成的排水孔组成，能使部分渗透水流自由排出，使渗透压力进一步降低。这种情况的扬压力分布图形如图 3-3 所示。图中矩形部分是由下游水深 H_2 产生的浮托力，在水平坝基上任一点的压强为 $\gamma_0 H_2$；折线部分是由上、下游水位差 H 产生的渗透压力，上游压强为 $\gamma_0 H$，下游为零，排水幕处为 $\alpha\gamma_0 H$。α 为剩余水头系数，河床坝段采用 $\alpha=0.25$，岸坡坝段采用 $\alpha=0.35$，对于水文和工程地质条件较复杂的地基，应进行研究论证，以确定合适的数值。

在特殊情况下，也可只设灌浆帷幕或排水幕，相应的扬压力图形与图 3-3 类似，其剩余水头系数 α 可以结合专门论证确定。

（2）采用抽排降压措施的实体重力坝。

防渗帷幕和排水幕不能降低浮托力，当下游水深较大时，浮托力对扬压力的影响显著。为了更有效地降低扬压力，可以采用抽排降压措施，即在坝体廊道内设置抽水设备及排水系统，定时抽排，使扬压力进一步降低。此时坝基面上的扬压力分布图形如图 3-4 所示。图中 α_1 为主排水幕处扬压力剩余系数，一般取 $\alpha_1=0.2$，α_2 为坝基面上残余扬压力系数，可采用 0.5。当有专门论证时，系数 α_1、α_2 可采用论证后的值。

2. 坝体内部的扬压力

渗透水流除在坝基面产生渗透压力外，渗入坝体内部的水流也会产生渗透压力。为减小坝体内的渗透压力，常在坝体上游面附近 3～5m 范围内，提高混凝土的防渗性能，形成防渗层，并在防渗层后设坝身排水管。坝体内部的扬压力按图 3-5 所示的分布图形进行计算，图中 α_3 常取 0.2。当坝内无排水管时，则取渗透压力为三角形分布。

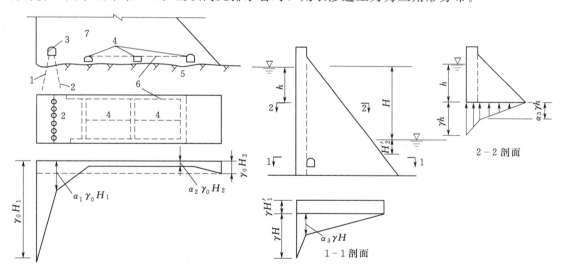

图 3-4　采用抽排降压措施的实体
坝基面扬压力
1—防渗帷幕；2—主排水幕；3—灌浆廊道；
4—纵向排水廊道；5—基岩面；
6—横向排水；7—坝体

图 3-5　坝体内部的扬压力

（四）泥沙压力

水库建成蓄水后，入库水流挟带的泥沙将逐年淤积在坝前，对坝体产生泥沙压力。取淤积计算年限为 50～100 年，参照经验数据，按主动土压力公式计算泥沙压力：

$$P_n=\frac{1}{2}\gamma_n h_n^2\tan^2\left(45°-\frac{\varphi_n}{2}\right) \tag{3-7}$$

式中　　P_n——泥沙压力，kN/m；

γ_n——泥沙的浮重度，一般为 6.5～9.0kN/m³；

h_n——泥沙的淤积厚度，m；

φ_n——泥沙的内摩擦角。对于淤积时间较长的粗颗粒泥沙，$\varphi_n=18°\sim20°$；对于黏土质泥沙，$\varphi_n=12°\sim14°$；对于淤泥、黏土和胶质颗粒，$\varphi_n=0°$。

当上游坝面倾斜时，除计算水平向泥沙压力 P_n 外，还应计算铅直向泥沙压力。铅直泥沙压力可按作用在坝面上的土重计算。

（五）浪压力

1. 波浪要素

水库水面在风的作用下产生波浪，波浪对坝面的冲击力称为浪压力。计算浪压力时，首先要计算波浪高度 h、波浪长度 L_m 和波浪中心线超出静水面的高度 h_z 等波浪要素（图 3-6）。由于影响波浪的因素很多，因此目前仍用已建水库长期观测资料所建立的经验公式进行计算。

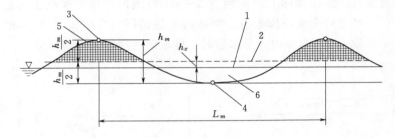

图 3-6　波浪要素

1—计算水位（静水水位）；2—平均波浪线；3—波顶；4—波底；5—波峰；6—波谷

（1）对于山区峡谷水库，推荐采用官厅水库公式计算 h 和 L_m：

$$\frac{gh}{v_0^2}=0.0076v_0^{-1/12}\left(\frac{gD}{v_0^2}\right)^{1/3} \tag{3-8}$$

$$\frac{gL_m}{v_0^2}=0.331v_0^{-1/2.15}\left(\frac{gD}{v_0^2}\right)^{1/3.75} \tag{3-9}$$

式中　　h——波浪高度，m，当 $gD/v_0^2=20\sim250$ 时，为累计频率 5％ 的波高，当 $gD/v_0^2=250\sim1000$ 时，为累计频率 10％ 的波高；计算浪压力时，规范规定应采用累计频率为 1％ 的波高；对应于 5％ 的波高，应乘以 1.24；对应于 10％ 的波高，应乘以 1.41；

v_0——计算风速，m/s，设计情况取 50 年一遇风速，校核情况取多年平均最大风速；

D——吹程，m，可取坝前沿水面到水库对岸水面的最大直线距离；当水库水面特别狭长时，按 5 倍平均水面宽计算，如图 3-7 所示。

上两式的适用范围是吹程 $D<20$km，风速 $v<20$m/s，且库水较深的情况。当吹程 $D<7.5$km，风速 $v<26.5$m/s 时，宜采用鹤地水库公式进行计算，公式参考 SL 319—2005《混凝土重力坝设计规范》。

由于波浪在空气和水两种介质中行进所受的阻力不同，波浪并不对称于静水面，而是波浪中心线高出静水位（图 3-6），其数值 h_z 按下式计算：

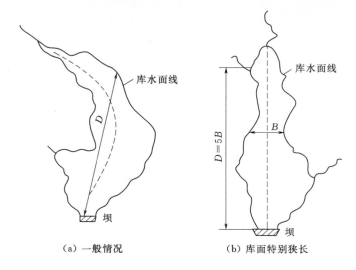

（a）一般情况　　　　　（b）库面特别狭长

图 3-7　吹程

$$h_z = \frac{\pi h_{1\%}^2}{L_m} \text{cth} \frac{2\pi H_1}{L_m} \tag{3-10}$$

式中　H_1——坝前水库水深，m。

（2）对于平原、滨海地区水库，宜采用福建莆田试验站公式计算 h 和 L_m。

1）平均波高 h_m 和平均波周期 T_m：

$$\frac{g h_m}{v_0^2} = 0.13 \text{th}\left[0.7\left(\frac{g H_m}{v_0^2}\right)^{0.7}\right] \text{th}\left\{\frac{0.0018(g D/v_0^2)^{0.45}}{0.13 \text{th}\left[0.7(g H_m/v_0^2)^{0.7}\right]}\right\} \tag{3-11}$$

$$\frac{g T_m}{v_0} = 13.9\left(\frac{g h_m}{v_0^2}\right)^{0.5} \tag{3-12}$$

式中　h_m——平均波高，m；

H_m——风区内的平均水深，m；

T_m——平均波周期，s。

2）计算波高 h_p：根据水闸级别，由表 3-2 查得波列的累积频率 p 值，再根据 p 及 h_m/H_m 值，查表 3-3 得 h_p/h_m 值，从而计算出波高 h_p。

表 3-2　　　　　　　　　　　　p　值　表

水闸级别	1	2	3	4	5
$p/\%$	1	2	5	10	20

表 3-3　　　　　　　　　　h_p/h_m　值　表

h_m/H_m	$p/\%$						
	0.1	1	2	5	10	20	50
0	2.97	2.42	2.23	1.95	1.71	1.43	0.94
0.1	2.70	2.26	2.09	1.87	1.65	1.41	0.96

h_m/H_m	$p/\%$						
	0.1	1	2	5	10	20	50
0.2	2.46	2.09	1.96	1.76	1.59	1.37	0.98
0.3	2.23	1.93	1.82	1.66	1.52	1.34	1.00
0.4	2.01	1.78	1.68	1.56	1.44	1.30	1.01
0.5	1.80	1.63	1.56	1.46	1.37	1.25	1.01

3）计算平均波长 L_m：

$$L_m = \frac{gT_m^2}{2\pi}\mathrm{th}\frac{2\pi H_1}{L_m} \tag{3-13}$$

4）计算临界水深 H_{cr}：

$$H_{cr} = \frac{L_m}{4\pi}\ln\left(\frac{L_m+2\pi h_{1\%}}{L_m-2\pi h_{1\%}}\right) \tag{3-14}$$

5）波浪中心线高出静水位 h_z 仍按式（3-10）计算。

2. 浪压力的计算

当重力坝的迎水面为铅直或接近铅直时，波浪推进到坝前，受到坝的阻挡，而使波浪壅高形成驻波。计算浪压力和坝顶超高时，坝前波浪在静水位以上的高度为 $h_{1\%}+h_z$。此外，随着建筑物迎水面前水深的不同，可能产生三种波态：深水波、浅水波和破碎波（图3-8），浪压力计算时需根据不同波态选择相应的计算公式。

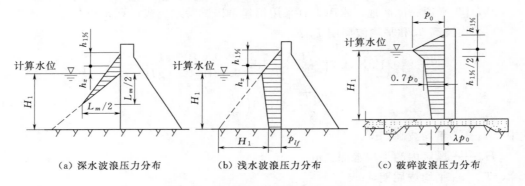

（a）深水波浪压力分布　　　　（b）浅水波浪压力分布　　　　（c）破碎波浪压力分布

图3-8　直墙式挡水面浪压力分布图

（1）当 $H_1 \geqslant H_{cr}$ 和 $H_1 \geqslant L_m/2$ 时 ［图3-8（a）］，单位长度上的浪压力计算公式为：

$$p_{wk} = \frac{1}{4}\gamma L_m(h_{1\%}+h_z) \tag{3-15}$$

（2）当 $H_{cr} \leqslant H_1 < L_m/2$ 时 ［图3-8（b）］，单位长度上的浪压力计算公式为：

$$p_{wk} = \frac{1}{2}\left[(h_{1\%}+h_z)(\gamma H_1+p_{lf})+H_1 p_{lf}\right] \tag{3-16}$$

$$p_{lf} = \gamma h_{1\%}\mathrm{sech}\frac{2\pi H_1}{L_m} \tag{3-17}$$

式中　p_{lf}——坝基底面处剩余浪压力强度，kPa。

（3）当 $H_1 < H_{cr}$ 时 ［图3-8（c）］，单位长度上的浪压力计算公式为：

$$p_{wk} = \frac{1}{2}p_0\left[(1.5-0.5\lambda)h_{1\%}+(0.7+\lambda)H_1\right] \tag{3-18}$$

$$p_0 = K_i \gamma h_{1\%} \tag{3-19}$$

式中　λ——浪压力强度折减系数，$H_1 \leqslant 1.7h_{1\%}$ 时，λ 为 0.6，$H_1 > 1.7h_{1\%}$ 时，λ 为 0.5；

　　　p_0——计算水位处的浪压力强度，kPa；

　　　K_i——底坡影响系数，查表 3-4（i 为坝前一定距离库底纵坡平均值）。

表 3-4　　　　　　　　　　　　底坡影响系数 K_i 取值表

底坡 i	1/10	1/20	1/30	1/40	1/50	1/60	1/80	1/100
K_i	1.89	1.61	1.48	1.41	1.36	1.33	1.29	1.25

（六）地震力

在地震区筑坝，必须考虑地震的影响。地震对建筑物的影响程度常用地震烈度表示。地震烈度划分为 12 度，烈度越大，对建筑物的影响越大。在抗震设计中常用到基本烈度和设计烈度两个概念。基本烈度是指该地区今后 50 年期限内，可能遭遇超越概率 p_{50} 为 0.10 的地震烈度。设计烈度是指设计时采用的地震烈度。一般情况下，采用基本烈度作为设计烈度；但对 1 级建筑物，可根据工程重要性和遭受震害的危险性，在基本烈度的基础上提高一度作为设计烈度。设计烈度为Ⅶ度及以上的地震区应考虑地震力，设计烈度超过Ⅸ度时，应进行专门研究。设计烈度为Ⅵ度及以下时，一般不考虑地震力。

地震力包括由建筑物重量引起的地震惯性力、地震动水压力和动土压力。地震对扬压力、坝前泥沙压力和浪压力的影响可不考虑。SL 203—1997《水工建筑物抗震设计规范》规定：对于工程抗震设防类别为甲级（基本烈度 ≥Ⅵ度的 1 级坝）时，其地震作用效应计算应采用动力分析方法；对于设防类别为乙、丙级，设计烈度低于Ⅷ度，且坝高不大于 70m 的重力坝可采用拟静力法计算；对于丁级（基本烈度 ≥Ⅶ度的 4、5 级坝）建筑物，可以用拟静力法计算或着重采取措施而不用计算。具体计算方法可参阅 SL 203—1997《水工建筑物抗震设计规范》。

（七）冰压力

1. 静冰压力

在寒冷地区，水库表面冬季结成冰盖，当气温回升时，冰盖膨胀，对挡水建筑物上游面产生的压力称作静冰压力。静冰压力的大小取决于冰的最低温度、温度回升率、冰层厚度、热膨胀系数、冰的抗压强度和岸边对冰层的约束情况等。一般在确定开始升温时的气温及气温上升率后，可由表 3-5 查得单位面积上的静冰压力，乘以冰厚即为作用在单位坝长上的静冰压力。

表 3-5　　　　　　　　　　　　静 冰 压 力 标 准 值

冰层厚度/m	0.4	0.6	0.8	1.0	1.2
静冰压力/(kN/m)	85	180	215	245	280

注　1. 冰层厚度取多年平均年最大值。

　　2. 对于小型水库，应将表中静冰压力值乘以 0.87 后采用；对于库面开阔的大型平原水库，应乘以 1.25。

　　3. 表中静冰压力标准值适用于结冰期内水库水位基本不变的情况，结冰期内水库水位变动情况下的静冰压力应做专门研究。

　　4. 静冰压力数值可按表列冰厚内插。

当水库在冬季采用破冰、融冰措施以清除冰压力对建筑物的影响时，可不考虑坝体上的冰压力。

2. 动冰压力

当冰盖破碎后发生冰块流动，流冰撞击坝面而产生的冲击力称为动冰压力。动冰压力的大小与冰的运动速度、冰块尺寸、建筑物表面积的大小和形状、风向和风速、流冰的抗碎强度等因素有关。

(1) 冰块撞击在铅直坝面时的动冰压力可按下式计算：

$$P_{bd} = 0.07V_b d_b \sqrt{A_b f_{ic}} \qquad (3-20)$$

式中　P_{bd}——冰块撞击在铅直坝面时的动冰压力，kN；

　　　f_{ic}——冰的抗压强度，对于水库可取 0.3MPa，对于河流，流冰初期取 0.45MPa，后期可取 0.3MPa；

　　　V_b——冰块流速，对于大水库应通过研究确定，一般不大于 0.6m/s；

　　　A_b——冰块的面积，m^2；

　　　d_b——冰块的厚度，m。

(2) 冰块撞击在铅直闸墩上的动冰压力按下式计算：

$$P'_{bd} = mR_b B d_b \qquad (3-21)$$

式中　P'_{bd}——冰块撞击在铅直闸墩上的动冰压力，kN；

　　　R_b——冰的抗压强度，当无资料时，在结冰初期取 750kPa，末期可取 450kPa；

　　　B——闸墩在冰层处的前沿宽度，m；

　　　m——闸墩的平面形状系数，按表 3-6 采用；

其他符号意义同前。

表 3-6　　　　　　　　　　　　闸墩的平面形状系数

闸墩的平面形状	半圆形或多边形	矩形	三角形（顶端角度 α）					
			45°	60°	75°	90°	120°	150°
形状系数 m	0.9	1.0	0.54	0.59	0.64	0.69	0.77	1.00

二、荷载组合

作用在重力坝上的各种荷载，除坝体自重外，都有一定的变化范围。例如在正常运行、放空水库、设计或校核洪水等情况，其上、下游水位各不相同。当水位发生变化时，相应的水压力、扬压力亦随之变化。又如在短期宣泄最大洪水时，就不一定会同时发生强烈地震。再如当水库水面封冻，坝面受静冰压力作用时，波浪压力就不存在。因此，在进行坝的设计时，应该根据"可能性和最不利"的原则，把各种荷载合理地组合成不同的设计情况，然后进行安全核算，以妥善解决安全和经济的矛盾。

作用于重力坝上的荷载，按其出现的几率和性质，可分为基本荷载和特殊荷载。

1. 基本荷载

基本荷载包括：①坝体及其上永久设备自重；②正常蓄水位或设计洪水位时大坝上、下游面的静水压力（选取一种控制情况）；③相应于正常蓄水位或设计洪水位时的扬压力；④大坝上游淤沙压力；⑤相应于正常蓄水位或设计洪水位时的浪压力；⑥冰压力；⑦土压力；⑧设计洪水位时的动水压力；⑨其他出现机会较多的作用。

2. 特殊荷载

特殊荷载包括：①校核洪水位时的大坝上、下游面的静水压力；②相应于校核洪水位时的扬压力；③相应于校核洪水位时的浪压力；④相应于校核洪水位时的动水压力；⑤地震荷载；⑥其他出现机会很少的荷载。

重力坝抗滑稳定及坝体应力计算的荷载组合分为基本组合和特殊组合两种情况。荷载组合按表 3-7 的规定进行（表中数字即荷载的序号），必要时还可考虑其他的不利组合。

表 3-7　　　　　　荷　载　组　合

作用组合	主要考虑情况	作用类别										备注
		自重	静水压力	扬压力	淤沙压力	浪压力	冰压力	动水压力	土压力	地震荷载	其他荷载	
基本组合	1. 正常蓄水位情况	1 (1)	1 (2)	1 (3)	1 (4)	1 (5)	—	—	1 (7)	—	1 (9)	土压力根据坝体外是否有填土而定（下同）
	2. 设计洪水位情况	1 (1)	1 (2)	1 (3)	1 (4)	1 (5)	—	1 (8)	1 (7)	—	1 (9)	
	3. 冰冻情况	1 (1)	1 (2)	1 (3)	1 (4)	—	1 (6)	—	1 (7)	—	1 (9)	静水压力及扬压力按相应冬季库水位计算
特殊组合	1. 校核洪水位情况	1 (1)	2 (1)	2 (2)	1 (4)	2 (3)	—	2 (4)	1 (7)	—	2 (6)	
	2. 地震情况	1 (1)	1 (2)	1 (3)	1 (4)	1 (5)	—	—	1 (7)	2 (5)	3 (6)	静水压力、扬压力和浪压力按正常蓄水位计算，有论证时可另行规定

注　1. 应根据各种荷载同时作用的实际可能性，选择计算中最不利的组合。

　　2. 分期施工的坝应按相应的荷载组合分期进行计算。

　　3. 施工期的情况应进行必要的核算，作为特殊组合。

　　4. 根据地质和其他条件，如考虑运用时排水设备易于堵塞，须经常维修时，应考虑排水失效的情况，作为特殊组合。

　　5. 地震情况，如按冬季计及冰压力，则不计浪压力。

　　6. 对于以防洪为主的水库，正常蓄水位较低时，采用设计洪水位情况进行组合。

【案例分析】　非溢流坝的荷载计算

1. 计算工况

计算工况：按照 SL 319—2005《混凝土重力坝设计规范》的规定，荷载组合可分为基本组合和特殊组合两类。基本组合属设计情况或正常情况，由同时出现的基本荷载组成；特殊组合属校核情况或非常情况，由同时出现的基本荷载和一种或几种特殊荷载组成。设计时，应从这两类组合中选择几种最不利的、起控制作用的组合情况进行计算，使之满足规范中规定的要求。本工程荷载组合考虑以下两种：

（1）持久状况基本组合（正常蓄水位情况）：

上游为正常蓄水位 178.20m，下游为无水的状况；

作用组合：自重＋静水压力＋扬压力＋淤沙压力＋浪压力。

（2）偶然状况偶然组合（校核洪水位情况）：

上游为校核洪水位 181.67m，根据校核洪水位时的下泄流量 $q_{max}=1718\text{m}^3/\text{s}$，查表 0-5 水位-流量关系表，用内插法求得相应的下游水位为 146.34m。

作用组合：自重＋静水压力＋扬压力＋淤沙压力＋浪压力。

作用力及分项系数见表 3-8。

表 3-8 作用力及分项系数表

序号	作用类别	分项系数	序号	作用类别	分项系数
1	自重	1	5	浮托力	1
2	静水压力	1	6	泥沙压力	1.2
3	动水压力	1.1	7	浪压力	1.2
4	渗透压力	1.2			

计算截面的选择：抗滑稳定的计算截面一般选择在受力较大、抗剪强度低、容易产生滑动破坏的截面，一般有坝基面、坝基内软弱夹层面、坝基缓倾角结构面、不利的地形、混凝土的层面等情况。应力分析的位置有坝基面、折坡处的截面等。

本案例中，选取一个截面坝基面进行抗滑稳定和应力分析。

荷载是重力坝设计的主要依据之一。按照正常蓄水情况和校核洪水情况分别计算出荷载作用的标准值和设计值。取 1m 坝长为单元进行计算，下面以坝基面计算为例进行主要荷载计算。

1）自重。将坝体分块，如图 3-9 所示，根据式（3-1）：

$$W=\gamma_c V$$

则

$$W_1=\gamma_c V_1=\frac{1}{2}\times4\times20\times24=960(\text{kN})$$

$$W_2=\gamma_c V_2=5\times41.18\times24=4941.6(\text{kN})$$

$$W_3=\gamma_c V_3=0.5\times23.62\times32.35\times24=9169.28(\text{kN})$$

2）静水压力。静水压力是作用在上下游坝面的主要荷载，计算时常分解为水平水压力 P_H 和垂直水压力 G 两种，如图 3-9 所示，根据式（3-2）：

$$P=\frac{1}{2}\gamma_w H_1^2$$

a. 正常蓄水位情况：

水平水压力：$P_{H1}=\frac{1}{2}\gamma_w H_1^2=\frac{1}{2}\times9.81\times36.4^2=6498.93(\text{kN})$

$$P_{H2}=\frac{1}{2}\gamma_w H_2^2=0$$

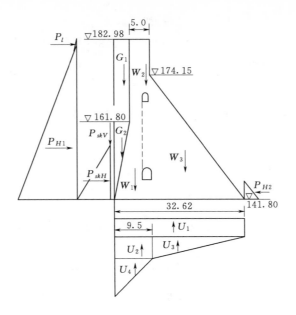

图 3-9　非溢流坝荷载示意图

垂直水应力：$G_1 = \gamma_w V_1 = 9.81 \times 16.4 \times 4 = 643.54 (\text{kN})$

$$G_2 = \gamma_w V_2 = \frac{1}{2} \times 9.81 \times 20 \times 4 = 392.4 (\text{kN})$$

b. 校核洪水位情况：

水平水压力：$P_{H1} = \frac{1}{2} \gamma_w H_1^2 = \frac{1}{2} \times 9.81 \times 39.87^2 = 7797.07 (\text{kN})$

$$P_{H2} = \frac{1}{2} \gamma_w H_2^2 = \frac{1}{2} \times 9.81 \times (146.34 - 141.8)^2 = 101.1 (\text{kN})$$

垂直水应力：$G_1 = \gamma_w V_1 = 9.81 \times 19.87 \times 4 = 779.7 (\text{kN})$

$$G_2 = \gamma_w V_2 = \frac{1}{2} \times 9.81 \times 20 \times 4 = 392.4 (\text{kN})$$

$$G_3 = \gamma_w V_3 = \frac{1}{2} \times 9.81 \times 4.54^2 \times 0.73 = 73.8 (\text{kN})$$

3）扬压力。扬压力包括渗透压力和上浮力两部分。渗透压力是在上、下游水位差作用下，水流通过基岩节理、裂隙而产生的向上的静水压力；上浮力是由坝体下游水深产生的浮托力。

在排水管幕处渗透压力为 $\alpha \gamma_w H$，α 为扬压力折减系数，按我国 SL 319—2005《混凝土重力坝设计规范》的补充规定：河床坝段 $\alpha = 0.2 \sim 0.3$，岸坡坝段 $\alpha = 0.3 \sim 0.4$。在此采用 $\alpha = 0.25$。

a. 正常蓄水位情况：

由于 $H_2=0$，故浮托力 $U_1=0$

渗透压力：　$U_2=9.81×(4+3+2.5)×0.25×36.4=848.07(kN)$

$$U_3=\frac{1}{2}×9.81×0.25×36.4×23.12=1031.97(kN)$$

$$U_4=\frac{1}{2}×9.81×27.3×9.5=1272.11(kN)$$

b. 校核洪水位情况浮托力：

$$U_1=9.81×4.54×32.62=1452.81(kN)$$

渗透压力：　$U_2=9.81×(4+3+2.5)×0.25×35.33=823.14(kN)$

$$U_3=\frac{1}{2}×9.81×0.25×35.33×23.12=1001.64(kN)$$

$$U_4=\frac{1}{2}×9.81×26.5×9.5=1234.83(kN)$$

4）淤沙压力。水平淤沙压力 P_{skH} 根据式（3-7）计算：

$$P_{skH}=\frac{1}{2}\gamma_n h_n^2\tan^2\left(45°-\frac{\varphi_s}{2}\right)$$

由基本资料可知：$h_n=155-141.8=13.2(m)$，$\varphi_s=0$，$\gamma_n=3.92kN/m^3$

则　　　$P_{skH}=\frac{1}{2}\gamma_n h_n^2\tan\left(45°-\frac{\varphi_s}{2}\right)=\frac{1}{2}×3.92×13.2^2×\tan(45°-0°)=341.51(kN)$

垂直淤沙压力 P_{skV} 可用下式计算：

$$P_{skV}=\frac{1}{2}\gamma_n×0.2h_n^2=\frac{1}{2}×3.92×0.2×13.2^2=68.30(kN)$$

5）浪压力。

a. 正常蓄水位情况下，坝前水深 $H_1=36.4m$，波长 $L_m=7.876m$，$H_1>L/2$，波浪运动不受库底的约束，为深水波。P_l 可分解为 P_{l1} 和 P_{l2}，则

$$P_{l1}=\frac{\gamma_w L_m}{4}\left(\frac{L_m}{2}+h_l+h_z\right)=\frac{9.81×7.876}{4}×\left(\frac{7.876}{2}+0.199+0.875\right)=65.26(kN)$$

$$P_{l2}=\frac{1}{2}×\frac{\gamma_w L_m^2}{4}=\frac{1}{2}×\frac{9.81×7.876^2}{4}=76.06(kN)$$

b. 校核洪水位情况下，坝前水深 $H_1=39.87m$，波长 $L_m=6.303m$，$H_1>L/2$，为深水波，P_l 可分解为 P_{l1} 和 P_{l2}，则

$$P_{l1}=\frac{\gamma_w L_m}{4}\left(\frac{L_m}{2}+h_l+h_z\right)=\frac{9.81×6.303}{4}×\left(\frac{6.303}{2}+0.143+0.663\right)=61.12(kN)$$

$$P_{l2}=\frac{1}{2}×\frac{\gamma_w L_m^2}{4}=\frac{1}{2}×\frac{9.81×6.303^2}{4}=48.72(kN)$$

将荷载计算成果汇于表 3-9 和表 3-10 中。

其他截面的计算方法与坝基面荷载计算方法与过程相同，这里不再赘述。

表 3 - 9　　坝基面正常蓄水位状况下的荷载计算表

荷载	符号	法向力标准值/kN →	法向力标准值/kN ↑	切向力标准值/kN →	切向力标准值/kN ↑	分项系数	法向力设计值/kN →	法向力设计值/kN ↑	切向力设计值/kN →	切向力设计值/kN ↑	对坝底面中心的偏心距/m	力矩标准值/(kN·m) ↙(+)	力矩标准值/(kN·m) ↘	力矩设计值/(kN·m) ↙(+)	力矩设计值/(kN·m) ↘
自重	W_1	960	—	—	—	1.0	960	—	—	—	13.64	13094.4	—	13094.4	—
自重	W_2	4941.6	—	—	—	1.0	4941.6	—	—	—	9.81	48477.1	—	48477.1	—
自重	W_3	9169.28	—	—	—	1.0	9169.28	—	—	—	0.56	—	5134.8	—	5134.8
上游水平力	P_{H1}	—	—	6498.93	—	1.0	—	—	6498.93	—	12.13	—	78832.02	—	78832.02
下游水平力	P_{H2}	—	—	0	0	1.0	—	—	0	0	0	—	—	—	—
上游水重	G_1	643.54	—	—	—	1.0	643.54	—	—	—	14.13	9093.22	—	9093.22	—
上游水重	G_2	392.4	—	—	—	1.0	392.4	—	—	—	14.98	5878.15	—	5878.15	—
渗透压力	U_2	—	848.07	—	—	1.2	—	1017.68	—	—	11.56	—	9803.69	—	11764.43
渗透压力	U_3	—	1031.97	—	—	1.2	—	1238.36	—	—	0.9	928.77	—	1114.53	—
渗透压力	U_4	—	1272.11	—	—	1.2	—	1526.53	—	—	13.14	—	16715.53	—	20058.63
浪压力	P_{l1}	—	—	96.81	—	1.2	—	—	116.17	—	35.33	—	3420.30	—	4104.36
浪压力	P_{l2}	—	—	—	76.06	1.2	—	—	—	91.27	34.3	2608.86	—	3130.63	—
水平淤沙压力	P_{skH}	—	—	341.51	—	1.2	—	—	409.81	—	4.61	—	1574.36	—	1889.23
淤沙重	P_{skV}	68.30	—	—	—	1.2	81.96	—	—	—	15.43	1053.87	—	1264.64	—
合计		16175.12	3152.15		76.06	—	16188.78	3782.57	7024.91	91.27	—	80927.22	115480.69	82052.67	121783.47
总计		19327.27				—	19971.35		7116.19		—	-34346.32		-39730.80	

注　1. 力矩＝力×偏心距；箭头表示受力方向。
2. 设计值＝标准值×分项系数；箭头表示受力方向。

表 3-10

坝基面校核洪水位状况下的荷载计算表

荷载	符号	法向力标准值/kN		切向力标准值/kN		分项系数	法向力设计值/kN		切向力设计值/kN		对坝底面中心的偏心距/m	力矩标准值/(kN·m)		力矩设计值/(kN·m)	
		→	↑	↓	→		→	↑	↓	→		↙+	→	↙+	→
自重	W_1	960	—	—	—	1.0	960	—	—	—	13.64	13094.4	—	13094.4	—
	W_2	4941.6	—	—	—	1.0	4941.6	—	—	—	9.81	48477.1	—	48477.1	—
	W_3	9169.28	—	—	—	1.0	9169.28	—	—	—	0.56	—	5134.8	—	5134.8
上游水平压力	P_{H1}	—	—	—	7797.07	1.0	—	—	—	7797.07	12.13	—	94578.46	—	94578.46
下游水平压力	P_{H2}	—	—	101.1	—	1.0	—	—	101.1	—	1.51	—	152.66	—	152.66
上游水重	G_1	779.7	—	—	—	1.0	779.7	—	—	—	14.31	11157.51	—	11157.51	—
下游水重	G_2	392.4	—	—	—	1.0	392.4	—	—	—	14.98	5878.15	—	5878.15	—
	G_3	73.8	—	—	—	1.0	73.8	—	—	—	15.21	—	1122.50	—	1122.50
浮托力	U_1	—	1452.81	—	—	1.0	—	1452.81	—	—	0	0	0	0	0
渗透压力	U_2	—	823.14	—	—	1.2	—	987.77	—	—	11.56	9515.42	—	11418.60	—
	U_3	—	1001.64	—	—	1.2	—	1201.97	—	—	0.9	901.48	—	1081.77	—
	U_4	—	1234.83	—	—	1.2	—	1481.80	—	—	13.14	16225.67	—	19470.85	—
浪压力	P_{l1}	—	—	61.18	—	1.2	—	—	73.42	—	38.04	2327.29	—	2792.90	—
	P_{l2}	—	—	48.72	—	1.2	—	—	58.46	—	37.77	1840.15	—	2208.19	—
水平淤沙压力	P_{shH}	—	—	—	341.51	1.2	—	—	—	409.81	4.61	—	1574.36	—	1889.23
淤沙重	P_{shV}	68.30	—	—	—	1.2	81.96	—	—	—	15.43	1053.87	—	1264.64	—
合计		16385.08	4512.42	149.82	—	—	16398.74	5124.35	159.56	8280.22	—	82462.65	130631.23	83161.75	136559.79
总计		20897.5				—	21523.08			8439.86	—	-48228.57		-53398.04	

注：1. 力矩＝力×偏心距；箭头表示受力方向。
2. 设计值＝标准值×分项系数；箭头表示受力方向。

自　测　题

一、选择题

1. 重力坝的荷载分析时，淤沙压力是采用（　　　）。

A. 浮重度　　　　　　B. 湿重度　　　　　　C. 饱和重度　　　　　D. 干重度

2. 设计洪水情况属于荷载的（　　　）组合。

A. 基本组合　　　　　　　　　　　　B. 特殊组合

3. 下列哪一项荷载在重力坝偶然组合中校核洪水情况时可不计？（　　　）

A. 自重　　　　　　B. 水压力　　　　　　C. 浪压力　　　　　　D. 冰压力

4. 关于扬压力，下列说法正确的是（　　　）。

A. 只有在坝基面有扬压力作用

B. 扬压力起到消减坝体自重的作用，对坝基的稳定和应力不利

C. 设防渗帷幕和排水幕，能降低坝基渗透压力

D. 在坝基采用抽排降压措施，可降低坝基扬压力

5. 随着水深的不同，水库坝前有三种可能的波浪发生，即（　　　）。

A. 深水波　　　　　　B. 浅水波　　　　　　C. 中水波　　　　　　D. 破碎波

二、填空题

1. 扬压力是由上、下游水位差产生的（　　　）和下游水深产生的（　　　）两部分组成。

2. 地震基本烈度是指该地区今后（　　　）期限内，可能遭遇超越概率为（　　　）的地震烈度。

3. 因为作用于重力坝上游面的水压力呈（　　　）分布，所以重力坝的基本剖面是（　　　）形。

4. 重力坝的荷载计算单元是（　　　）m。

5. 计算风速 v_0，设计情况取（　　　）年一遇风速，校核情况取（　　　）风速。

三、判断题

1. 重力坝主要靠自重来维持稳定，因此坝体材料的强度不能得到充分发挥。（　　　）

2. 重力坝一般建于岩石地基，所以挡水后所受的扬压力较小。（　　　）

3. 重力坝上的稳定性与应力计算中，在正常蓄水位情况下可能同时出现的荷载形成的组合统称为基本荷载组合。（　　　）

4. 官厅公式只适合于计算峡谷水库的波浪三要素。（　　　）

5. 重力坝坝基排水可降低基底面的扬压力，只在防渗帷幕后设置主排水孔幕。（　　　）

<h1>工 作 任 务 书</h1>

任务名称		任务四 重力坝的稳定性分析		建议学时	4 学时
班级		学员姓名		工作日期	

实训内容 与目标	（1）掌握重力坝抗滑稳定安全系数法应用及提高坝体抗滑稳定性的工程措施； （2）会应用抗滑稳定安全系数法进行重力坝稳定分析
实训步骤	（1）确定计算截面及相应计算参数； （2）计算不同工况下计算截面的安全系数； （3）判定计算截面的安全稳定性
提交成果	稳定分析过程报告书
考核方式	（1）知识考核采用笔试、提问； （2）技能考核依据设计报告和设计表格、图纸进行提问、现场答辩、项目答辩、项目技能过关考试
工作评价	小组 互评	同学签名：_____ 年 月 日
	组内 互评	同学签名：_____ 年 月 日
	教师 评价	教师签名：_____ 年 月 日

任务四 重力坝的稳定性分析

抗滑稳定性分析是重力坝设计中的一项重要内容，其目的是核算坝体沿坝基面或沿地基深层软弱结构面抗滑稳定的安全性能。因为重力坝沿坝轴线方向用横缝分隔成若干个独立的坝段，假设横缝不传力，所以稳定性分析可以按平面问题进行，取一个坝段或单位宽度作为计算单元。

岩基上的重力坝常见的失稳形式有两种：一种是沿坝体抗剪能力不足的薄弱面滑动，这种薄弱面包括坝体与坝基的接触面和坝基岩体内有连续的断层破碎带；另一种是在各种荷载作用下，上游坝踵出现拉应力导致裂缝，或下游坝趾压应力过大，超过坝基岩体或坝体混凝土的允许强度而被压碎，从而产生倾覆破坏。当重力坝满足抗滑稳定和应力要求时，通常不必校核抗倾覆的安全性。

核算坝体沿坝基面的抗滑稳定性时，应按抗剪强度公式或抗剪断强度公式进行计算。

一、抗剪强度公式

抗剪强度分析法把坝体与基岩间看成是一个接触面，而不是胶结面，其抗滑稳定安全系数 K_s 为

$$K_s = \frac{f \sum W}{\sum P} \tag{4-1}$$

式中 K_s——按抗剪强度公式计算的抗滑稳定安全系数；

$\sum W$——作用在坝体上全部荷载（包括扬压力，下同）对滑动平面法向分力的代数和，kN；

$\sum P$——作用在坝体上全部荷载对滑动平面切向分力的代数和，kN；

f ——坝体混凝土与坝基的接触面间的抗剪摩擦系数，缺乏试验资料时，可按表 4-1 和表 4-2 选用。

表 4-1   坝 基 岩 体 力 学 参 数

岩体分类	混凝土与坝基接触面			岩　　体		变形模量 E_0/GPa
	f'	c'/MPa	f	f'	c'/MPa	
Ⅰ	1.50～1.30	1.50～1.30	0.85～0.75	1.60～1.40	2.50～2.00	40.0～20.0
Ⅱ	1.30～1.10	1.30～1.10	0.75～0.65	1.40～1.20	2.00～1.50	20.0～10.0
Ⅲ	1.10～0.90	1.10～0.70	0.65～0.55	1.20～0.80	1.50～0.70	10.0～5.0
Ⅳ	0.90～0.70	0.70～0.30	0.55～0.40	0.80～0.55	0.70～0.30	5.0～2.0
Ⅴ	0.70～0.40	0.30～0.05	—	0.55～0.40	0.30～0.06	2.0～0.2

注   1. f'、c' 为抗剪断参数，f 为抗剪参数。
　　 2. 表中参数限于硬质岩，软质岩应根据软化系数进行折减。

表 4-2　　　　　　　　　　　　　结构面、软弱层和断层力学参数

类　型	f'	c'/MPa	f
胶结的结构面	0.80～0.60	0.250～0.100	0.70～0.55
无填充的结构面	0.70～0.45	0.150～0.050	0.65～0.40
岩块岩屑型岩	0.55～0.45	0.250～0.100	0.50～0.40
岩屑夹泥型	0.45～0.35	0.100～0.050	0.40～0.30
泥夹岩屑型	0.35～0.25	0.050～0.020	0.30～0.23
泥	0.25～0.18	0.005～0.002	0.23～0.18

注　1. f'、c'为抗剪断参数，f为抗剪参数。
　　2. 表中参数限于硬质岩。
　　3. 软质岩应根据软化系数进行折减。
　　4. 胶结成无填充的结构面抗剪断强度，应根据结构面的粗糙程度选取大值或小值。

由于抗剪强度公式未考虑坝体混凝土与基岩间的胶结作用，因此该公式不能完全反映坝的实际工作状态，只是一个抗滑稳定的安全指标，SL 319—2005《混凝土重力坝设计规范》给出的控制值也较小，具体见表 4-3。

二、抗剪断强度公式

抗剪断强度公式计算坝基面的抗滑稳定安全系数，认为坝体与基岩胶结良好，滑动面上的阻滑力包括抗剪断摩擦力和抗剪断凝聚力，其抗滑稳定安全系数由式（4-2）计算：

$$K_s' = \frac{f' \sum W + c'A}{\sum P} \tag{4-2}$$

式中　K_s'——按抗剪断强度公式计算的抗滑稳定安全系数；
　　　f'——坝体混凝土与坝基的接触面间的抗剪断摩擦系数；
　　　c'——坝体混凝土与坝基的接触面间的抗剪断凝聚力；
　　　A——坝体与坝基接触面的面积，m^2；

其他符号意义同前。

该公式考虑了坝体的胶结作用，计入了摩擦力和凝聚力，是比较符合坝的实际工作状态的，物理概念也比较明确。f'、c'值，当无实验资料时，可参考表 4-1、表 4-2 选用。

三、抗滑稳定安全系数的规定

抗剪强度公式（4-1）和抗剪断强度公式（4-2）计算的抗滑稳定安全系数 K_s 和K_s'值应不小于表 4-3 的规定。

表 4-3　　　　　　　　　　　　　抗滑稳定的安全系数 K_s、K_s'

荷载组合	抗剪强度公式安全系数 K_s			抗剪断强度公式安全系数 K_s'
	1 级坝	2 级坝	3 级坝	1 级、2 级、3 级坝
基本组合	1.10	1.05	1.05	3.0
特殊组合 1	1.05	1.00	1.00	2.5
特殊组合 2	1.00	1.00	1.00	2.3

四、提高坝体抗滑稳定性的措施

当坝体的抗滑稳定安全系数不能满足要求时，除改变坝体的剖面尺寸外，还可以采取

以下工程措施提高坝体的稳定性：

（1）利用水重。将坝体的上游面做成倾向上游的斜面或折坡面，利用坝面上的水重增加坝的抗滑力，以达到提高坝体稳定的目的。

（2）减小扬压力。通过结构措施或工程措施加强防渗排水，以达到减小扬压力的目的。

（3）提高坝基面的抗剪断参数 f'、c' 值。措施有：将坝基开挖成"大平小不平"等形式；对整体性较差的地基进行固结灌浆；设置齿墙或抗剪键槽等。

（4）预应力锚固措施。一般是在靠近坝体上游面采用深孔锚固预应力钢索，既增加了坝体稳定性，又可消除坝踵处的拉应力。

（5）增大筑坝材料重度（在坝体混凝土中埋置重度大的块石），或将坝基面开挖成倾向上游的斜面，借以增加抗滑力，提高稳定性。

【案例分析】 非溢流坝的坝基面抗滑稳定性分析

1. 正常蓄水位情况下

由基本资料得本工程岩石与混凝土之间的抗剪断摩擦系数为 $f'=0.85$，抗剪断凝聚力系数 $c'=0.687\text{MPa}$，$A=32.62\text{m}^2$。

已知 $\sum W=12406.21\text{kN}$，$\sum P=6937.32\text{kN}$，则

$$K'_s=\frac{f'\sum W+c'A}{\sum P}=\frac{0.85\times12406.21+687\times32.62}{6937.32}=4.8>3$$

故在正常蓄水位情况下，坝基面的抗滑稳定性满足要求。

2. 校核洪水位情况下

由基本资料得本工程岩石与混凝土之间的抗剪断摩擦系数为 $f'=0.85$，抗剪断凝聚力系数 $c'=0.687\text{MPa}$，$A=32.62\text{m}^2$。

已知 $\sum W=11274.11\text{kN}$，$\sum P=8120.72\text{kN}$，则

$$K'_s=\frac{f'\sum W+c'A}{\sum P}=\frac{0.85\times11274.11+687\times32.62}{8120.72}=3.9>2.5$$

故在校核洪水位情况下，坝基面的抗滑稳定性满足要求。

自　测　题

一、选择题

1. 用抗剪断强度公式计算坝基面的抗滑稳定安全系数时，考虑了抗剪断摩擦力和（　　）。

A. 张力　　　　　B. 压力　　　　　C. 浮力　　　　　D. 抗剪断凝聚力

2. 重力坝稳定和应力分析时，常沿坝轴线取（　　）坝体作为计算对象。

A. 1m　　　　　B. 分缝段长度　　　C. 5m　　　　　D. 10m

3. 重力坝的稳定分析时，规范中规定的允许稳定系数 K 与下列哪些因素有关？（　　）

A. 重力坝的级别　　　　　　　　B. 稳定分析工况

C. 重力坝的高度　　　　　　　　D. 重力坝坝顶的宽度

4. 重力坝的稳定分析时，下列哪些荷载对稳定不利？（　　　　）

A. 坝体自重　　　　　　　　　　B. 上游水平水压力

C. 扬压力　　　　　　　　　　　D. 垂直水压力

5. 重力坝抗滑稳定安全系数计算时，产生抗滑力效果的荷载有（　　　　）。

A. 坝体自重　　　　　　　　　　B. 上游水平水压力

C. 扬压力　　　　　　　　　　　D. 垂直水压力

二、填空题

1. 岩基上的重力坝常见的失稳形式有两种：（　　　　）、（　　　　）。

2. 为提高重力坝抗滑稳定性有（　　　　）、（　　　　）、（　　　　）、（　　　　）等措施。

3. 稳定分析的截面经常为（　　　　）、（　　　　）、（　　　　）。

4. 稳定分析的计算公式分为（　　　　）、（　　　　）。

5. 稳定分析的目的有（　　　　　　　　　）、（　　　　　　　　　　　　　　　　）。

三、判断题

1. 重力坝坝底扬压力越大，抵消了竖直向下的重力，对坝体稳定和应力越不利。（　　　）

2. 将重力坝的上游面布置成倾斜面或折面，可利用水重增加坝体的稳定性。　（　　　）

3. 重力坝抗滑稳定分析的目的主要是核算坝体沿坝基面的抗滑稳定的安全性能。（　　　）

4. 为提高重力坝的抗滑稳定性，坝基开挖成倾向上游的斜面坡度越大越好。　（　　　）

5. 地震烈度大，对建筑物的破坏小，抗震设计要求低。　　　　　　　　　　（　　　）

工 作 任 务 书

任务名称	任务五　重力坝的应力分析		建议学时	4 学时
班级		学员姓名	工作日期	

实训内容与目标	（1）掌握重力坝边缘应力的计算及控制标准的应用； （2）会应用材料力学法进行重力坝坝基正应力计算及分析
实训步骤	（1）确定计算截面及计算数据； （2）计算不同工况下坝基正应力及进行坝基面强度校核
提交成果	应力分析报告书
考核方式	（1）知识考核采用笔试、提问； （2）技能考核依据设计报告和设计表格、图纸进行提问、现场答辩、项目答辩、项目技能过关考试
工作评价	小组互评　同学签名：_____　年　月　日
	组内互评　同学签名：_____　年　月　日
	教师评价　教师签名：_____　年　月　日

任务五　重力坝的应力分析

一、重力坝应力分析的目的与方法

1. 应力分析的目的

应力分析的目的包括：①验算拟定的坝体断面是否经济合理；②根据应力分布情况进行坝体混凝土标号分区；③为研究坝体某些部位的应力集中和配筋等提供依据。

2. 应力分析的过程

首先进行荷载计算和荷载组合，然后选择适宜的方法进行应力计算，最后检验坝体各部位的应力是否满足强度要求。

3. 应力分析方法

可归结为理论计算和模型试验两大类。对于中、小型工程，一般可只进行理论计算。理论计算法又包括材料力学法和弹性理论的解析法、有限元法，其中材料力学法应用最广、最简便，也是重力坝设计规范中规定采用的计算方法之一。

二、材料力学法

1. 材料力学法的基本假定

（1）坝体混凝土为均质、连续、各向同性的弹性材料。

（2）视坝段为固接于地基上的悬臂梁，不考虑地基变形对坝体应力的影响，并认为各坝段独立工作，横缝不传力。

（3）假定坝体水平截面上的垂直正应力按直线分布，其数值可按偏心受压公式计算，其他应力分量可根据静力平衡条件确定，并且不考虑廊道等对坝体应力的影响。

2. 边缘应力计算

材料力学法通常沿坝轴线取单位长度（1m）的坝体作为计算对象。坝体的最大和最小应力一般发生在上、下游坝面，且计算坝体内部应力也需要以边缘应力作为边界条件，同时对于较低重力坝的强度，只需用边缘应力控制即可，所以，应首先计算坝体边缘应力。计算简图及荷载、应力的正方向如图 5-1 所示。

（1）上、下游坝面垂直正应力为

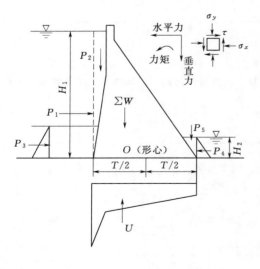

图 5-1　坝体应力计算图

$$\begin{matrix} \sigma_y^u \\ \sigma_y^d \end{matrix} = \frac{\sum W}{T} \pm \frac{6\sum M}{T^2} \tag{5-1}$$

式中　σ_y^u——上游面垂直正应力，kPa；

σ_y^d——下游面垂直正应力，kPa；

T——坝体计算截面沿上下游方向的水平宽度，m；

$\sum W$——计算截面以上所有垂直分力的代数和（包括扬压力，下同），以向下为正，kN；

$\sum M$——计算截面以上所有作用力对计算截面形心的力矩代数和（以逆时针方向为正），kN·m。

（2）上、下游面剪应力为

$$\tau^u = (P - P_u^u - \sigma_y^u)m_1 \tag{5-2}$$

$$\tau^d = (\sigma_y^d - P' + P_u^d)m_2 \tag{5-3}$$

式中　τ^u——上游面剪应力，kPa；

τ^d——下游面剪应力，kPa；

P——计算截面在上游坝面所承受的水压力强度（如有泥沙压力和地震动水压力时，应计入在内），kPa；

P'——计算截面在下游坝面所承受的水压力强度（如有泥沙压力和地震动水压力时，应计入在内），kPa；

P_u^u——计算截面在上游坝面处的扬压力强度，kPa；

P_u^d——计算截面在下游坝面处的扬压力强度，kPa；

m_1——上游坝坡坡率；

m_2——下游坝坡坡率；

其他符号意义同前。

（3）上、下游面水平正应力为

$$\sigma_x^u = (P - P_u^u) - (P - P_u^u - \sigma_y^u)m_1^2 \tag{5-4}$$

$$\sigma_x^d = (P' - P_u^d) + (\sigma_y^d - P' + P_u^d)m_2^2 \tag{5-5}$$

式中　σ_x^u——上游面水平正应力，kPa；

σ_x^d——下游面水平正应力，kPa；

其他符号意义同前。

（4）上、下游面主应力为

$$\sigma_1^u = (1 + m_1^2)\sigma_y^u - m_1^2(P - P_u^u) \tag{5-6}$$

$$\sigma_2^u = P - P_u^u \tag{5-7}$$

$$\sigma_1^d = (1 + m_2^2)\sigma_y^d - m_2^2(P' - P_u^d) \tag{5-8}$$

$$\sigma_2^d = P' - P_u^d \tag{5-9}$$

式中　σ_1^u、σ_2^u——上游面主应力，kPa；

σ_1^d、σ_2^d——下游面主应力，kPa；

其他符号意义同前。

以上各式适用于计入扬压力的情况。如果不计截面上扬压力的作用，则上游面和下游面的各种应力计算公式中将 P_u^u 和 P_u^d 取值为零。

三、强度校核

（一）重力坝坝基面坝踵、坝趾的垂直应力要求

（1）运用期：在各种荷载组合下（地震荷载除外），坝踵垂直正应力不应出现拉应力，坝趾垂直正应力应小于坝基容许压应力；在地震荷载作用下，坝踵、坝趾的垂直应力应符合 SL 203—1997《水工建筑物抗震设计规范》的要求。

（2）施工期：坝趾垂直正应力允许有小于 0.1MPa 的拉应力。

（二）重力坝坝体应力要求

1. 运用期

（1）坝体上游面的垂直正应力不出现拉应力（计扬压力）。

（2）坝体最大主压应力，不应大于混凝土的允许压应力值。

（3）在地震荷载作用下，坝体上游面的应力控制标准应符合 SL 203—1997《水工建筑物抗震设计规范》的要求。

2. 施工期

（1）坝体任何截面上的主压应力不应大于混凝土的允许压应力。

（2）在坝体的下游面，允许有不大于 0.2MPa 的主拉应力。

混凝土的允许应力按混凝土的极限强度除以相应的安全系数确定。坝体混凝土抗压安全系数，基本组合不应小于 4.0，特殊组合（不含地震情况）不应小于 3.5。当局部混凝土有抗拉要求时，抗拉安全系数不应小于 4.0。混凝土极限抗压强度是指 90 天龄期的 15cm 立方体强度，强度保证率应达 80% 以上。

地震荷载是一种出现较少的荷载，在动荷载的作用下混凝土材料的允许应力可适当提高，并允许产生一定的瞬时拉应力。

【案例分析】 非溢流坝的坝趾和坝踵应力核算

1. 正常蓄水位情况

已知计入扬压力时坝基面上的 $\sum W = 12406.21$ kN，$\sum M = -39424.47$ kN·m；不计扬压力时坝基面上的 $\sum W = 16188.78$ kN，$\sum M = -3366.81$ kN·m。

（1）坝踵垂直正应力（计扬压力）：

$$\sigma_y^u = \frac{\sum W}{T} + \frac{6\sum M}{T^2} = \frac{12406.21}{32.63} + \frac{6\times(-39424.47)}{32.63^2} = 188.18(\text{kPa}) > 0$$

（2）坝趾垂直正应力（计或不计扬压力）：

不计扬压力时：$\sigma_y^d = \dfrac{\sum W}{T} - \dfrac{6\sum M}{T^2} = \dfrac{16188.78}{32.63} - \dfrac{6\times(-3366.81)}{32.63^2} = 496.13(\text{kPa})$

计入扬压力时：$\sigma_y^d = \dfrac{\sum W}{T} - \dfrac{6\sum M}{T^2} = \dfrac{12406.21}{32.63} - \dfrac{6\times(-34075.35)}{32.63^2} = 572.23(\text{kPa})$

远小于坝基和坝体允许压应力。

2. 校核洪水位计算方法

方法同上，略。

自 测 题

一、选择题

1. 下列不是重力坝的应力分析的方法的是 （　　）。

A. 模型试验法　　　　B. 材料力学法　　　　C. 弹性理论的差分法　　　　D. 解析法

2. 当重力坝上游面倾斜且铅直正应力 $\sigma_y > 0$ 时，坝体 （　　）。

A. 上游边缘不可能出现主拉应力

B. 上游边缘有可能出现主拉应力

C. 上游边缘将出现主拉应力

3. 用材料力学法分析重力坝边缘应力时，坝体的最大和最小应力一般发生在（　　）。

A. 上游坝面　　　　　　　　　　B. 下游坝面

C. 中点位置　　　　　　　　　　D. 灌浆位置

4. 混凝土重力坝的上游坝坡越缓，对抗滑稳定越 （　　），对坝体上游边缘应力越（　　）。

A. 不利　　　　　　　B. 有利　　　　　　　C. 无影响

5. 上游面铅直的三角形剖面重力坝，仅在 （　　），坝底宽才由强度条件控制。

A. 坝体与坝基间摩擦系数 f 值较大时

B. 设有很好的防渗排水设施，且坝体与坝基间的摩擦系数 f 值较大时

C. 地基允许抗压强度较大时

二、判断题

1. 重力坝应力分析的目的是为了检验大坝在施工期和运用期是否满足强度要求，同时也是为研究解决设计和施工中的某些问题。　　　　　　　　　　　　　　　（　　）

2. 当不考虑泥沙压力时，重力坝上、下游边缘的一个主应力值与作用在坝面上的水压力强度相等。　　　　　　　　　　　　　　　　　　　　　　　　　　（　　）

3. 坝内水平截面上的剪应力 τ 呈三次抛物线分布。　　　　　　　　　　　（　　）

4. 施工期间坝内主压应力不得大于混凝土的容许压应力，在坝的下游面可以有不小于 0.2MPa 的主拉应力。　　　　　　　　　　　　　　　　　　　　　　　（　　）

5. 因为重力坝上游面倾斜时可利用部分水重来维持坝体稳定，所以上游坝坡越缓越好。　　　　　　　　　　　　　　　　　　　　　　　　　　　　　　　　（　　）

三、问答题

1. 重力坝应力分析的目的是什么？

2. 重力坝应力分析主要有哪几种方法？它们的适用条件如何？

3. 重力坝应力分析的材料力学法有哪几条基本假定？

4. 重力坝的稳定和应力若不满足要求时，应如何修改剖面？

工 作 任 务 书

工作名称		任务六　溢流重力坝设计		建议学时		4学时
班级		学员姓名		工作日期		

实训内容与目标	（1）溢流重力坝孔口宽度、孔数、堰顶高程确定； （2）堰面曲线设计、计算、绘制； （3）反弧段设计与绘制； （4）溢流坝的消能防冲计算； （5）溢流坝的坝顶构造布置
实训步骤	（1）计算溢流坝孔口宽度、孔数、堰顶高程； （2）选择消能防冲形式，并进行溢流重力坝的消能防冲计算
提交成果	（1）溢流重力坝设计计算书； （2）溢流重力坝剖面图一张； （3）消能防冲设计图一张
考核方式	（1）知识考核采用笔试、提问； （2）技能考核依据设计报告和设计图进行提问、现场答辩、项目答辩、项目技能过关考试

工作评价	小组互评	同学签名：_____　　　年　月　日
	组内互评	同学签名：_____　　　年　月　日
	教师评价	教师签名：_____　　　年　月　日

任务六　溢流重力坝设计

一、溢流重力坝的工作特点

溢流重力坝既是挡水建筑物又是泄水建筑物，除应满足稳定和强度要求外，还需要满足泄流能力的要求。溢流重力坝在枢纽中的作用是将规划确定的库内所不能容纳的洪水由坝顶泄向下游，以确保大坝的安全。溢流重力坝满足泄水要求包括以下几个方面的内容：

（1）有足够的孔口尺寸和较大的流量系数，以满足泄洪能力要求。

（2）体型和流态良好，使水流平顺地流过坝体，控制不利的负压和振动，避免产生空蚀现象。

（3）满足消能防冲要求，保证下游河床不产生危及坝体安全的局部冲刷。

（4）溢流坝段在枢纽中的布置，应使下游流态平顺，不产生折冲水流，不影响枢纽中其他建筑物的正常运行。

（5）有灵活控制水流下泄的机械设备，如闸门、启闭机等。

二、孔口设计

溢流重力坝孔口尺寸的拟定包括孔口型式、溢流前缘总长度、堰顶高程、每孔尺寸和孔数。设计时一般先选定泄水方式，再根据泄流量和允许单宽流量，以及闸门形式和运用要求等因素，通过水库的调洪计算、水力计算，求出各泄水布置方案的防洪库容、设计和校核洪水位及相应的下泄流量等，进行技术经济比较，选出最优方案。

（一）孔口型式的选择

溢流重力坝常用的孔口型式有坝顶溢流式和大孔口溢流式。

1. 坝顶溢流式（图 6-1）

坝顶溢流式也称开敞式，这种形式的溢流孔除宣泄洪水外，还能用于排除冰凌和其他漂浮物。通常在大中型工程溢流坝的堰顶装有闸门，对于洪水流量较小、淹没损失不大的小型工程堰顶可不设闸门。

坝顶溢流式闸门承受的水头较小，所以孔口尺寸可以较大。当闸门全开时，下泄流量与堰上水头 H_0 的 3/2 次方成正比。随着库水位的升高，下泄流量可以迅速增大，当遭遇意外洪水时可有较大的超泄能力。闸门在顶部，操作方便，易于检修，工作安全可靠，因此坝顶溢流式得到广泛采用。

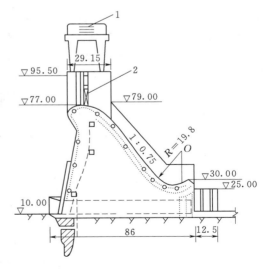

图 6-1　坝顶溢流式（单位：m）

1—门机；2—工作闸门

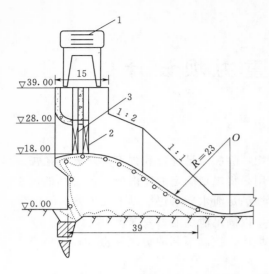

图 6-2 大孔口溢流式（单位：m）

1—门机；2—工作闸门；3—检修闸门

2. 大孔口溢流式（图 6-2）

泄水孔的上部设置胸墙，堰顶高程较低。这种形式的溢流孔可根据洪水预报提前放水，以便腾出较多库容储蓄洪水，从而提高调洪能力。当库水位低于胸墙时，泄流和坝顶溢流式相同；当库水位高出孔口一定高度时为大孔口泄流，下泄流量与作用水头 H_0 的 1/2 次方成正比，超泄能力不如坝顶溢流式。胸墙为钢筋混凝土结构，一般与闸墩固接，也有做成活动的，遇特大洪水时可将胸墙吊起以提高泄水能力。

（二）溢流孔口尺寸的确定

溢流坝的孔口设计涉及很多因素，如洪水设计标准，下游防洪要求，库水位壅高有无限制，是否利用洪水预报，泄水方式，枢纽布置，坝址的地形、地质条件等。若已知溢流坝的下泄流量 Q，可通过下列步骤求得孔口尺寸。

1. 单宽流量的确定

设 L 为溢流段净长度（不包括闸墩的厚度），则通过溢流孔口的单宽流量 q 为

$$q = \frac{Q}{L} \tag{6-1}$$

单宽流量是决定孔口尺寸的重要指标。单宽流量越大，孔口净长越小，则溢流坝长度越小，交通桥、工作桥等造价越低。但是，单宽流量越大，单位宽度下泄水流所含的能量也越大，消能越困难，下游局部冲刷可能越严重。若选择过小的单宽流量 q，则会增加溢流坝的造价和枢纽布置上的困难。因此，单宽流量的选定，一般首先考虑下游河床的地质条件，在冲坑不危及坝体安全的前提下选择合理的单宽流量。根据国内外工程实践得知：软弱基岩常取 $q = 20 \sim 50 \, \text{m}^3/(\text{s} \cdot \text{m})$，较好的基岩取 $q = 50 \sim 70 \, \text{m}^3/(\text{s} \cdot \text{m})$，特别坚硬完整的基岩取 $q = 100 \sim 150 \, \text{m}^3/(\text{s} \cdot \text{m})$。随着消能工的研究和科技水平的提高，单宽流量取值有不断增大的趋势。我国乌江渡拱形重力坝，设计单宽流量为 $165 \, \text{m}^3/(\text{s} \cdot \text{m})$，校核流量为 $201 \, \text{m}^3/(\text{s} \cdot \text{m})$。国外有些工程的单宽流量高达 $300 \, \text{m}^3/(\text{s} \cdot \text{m})$ 以上。

2. 孔口尺寸的确定

（1）溢流前缘总长度 L_0。对于堰顶设闸门的溢流坝，用闸墩将溢流段分隔为若干个等宽的溢流孔口。设孔口数为 n，则孔口净宽 $b = L/n$。令闸墩厚度为 d，则溢流前缘总长度 L_0 为

$$L_0 = nb + (n+1)d \tag{6-2}$$

选择 n、b 时，要综合考虑闸门的型式和制造能力，闸门跨度与高度的合理比例，以及运用要求和坝段分缝等因素。我国目前大、中型混凝土坝的孔口宽度一般取用 $8 \sim 16 \text{m}$，有排泄漂浮物要求时，可以加大到 $18 \sim 20 \text{m}$。闸门的宽高比，一般采用 $b/H = 1.5 \sim 2.0$。

为了方便闸门的设计和制造，应尽量采用规范推荐的标准尺寸。

（2）溢流坝的堰顶高程。由调洪演算得出设计洪水位和相应的下泄流量 Q。当采用开敞式溢流时，可利用式（6-3）计算出堰顶水头 H_0：

$$Q = Cm\varepsilon\sigma_s L \sqrt{2g}H_0^{3/2} \tag{6-3}$$

式中　Q——下泄流量，m^3/s；

L——溢流段净长度，m；

H_0——堰顶作用水头，m；

g——重力加速度，$9.81 m/s^2$；

m——流量系数，与堰型有关；

C——上游面坝坡影响修正系数，当上游坝面铅直时，C 值取 1.0；

ε——侧收缩系数，根据闸墩厚度和墩头形状确定，取 $\varepsilon = 0.90 \sim 0.95$；

σ_s——淹没系数，视淹没程度而定，不淹没时 $\sigma_s = 1.0$。

设计洪水位减去堰上水头 H_0 即为堰顶高程。

当采用大孔口泄洪时，可利用式（6-4）计算出堰顶水头 H_0：

$$Q = \mu A_k \sqrt{2gH_0} \tag{6-4}$$

式中　A_k——出口处孔口面积，m^2；

H_0——自由出流时为孔口中心处的作用水头，淹没泄流时为上下游水位差，m；

μ——孔口或管道的流量系数，对设有胸墙的堰顶高孔，当 $H_0/D = 2.0 \sim 2.4$（D 为孔口高度）时，取 $\mu = 0.83 \sim 0.93$。μ 的具体取值应通过计算沿程及局部水头损失后确定，具体公式详见《水力学》。

（三）溢流坝的结构布置

1. 闸门和启闭机

水工闸门按其功用可分为工作闸门、事故闸门和检修闸门。工作闸门用来控制下泄流量，需要在动水中启闭，要求有较大的启门力；检修闸门用于短期挡水，以便对工作闸门、建筑物及机械设备进行检修，一般在静水中启闭，启门力较小；事故闸门是在建筑物或设备出现事故时紧急应用，要求能在动水中快速关闭。溢流坝一般只设置工作闸门和检修闸门。工作闸门常设在溢流堰的顶部，有时为了使溢流面水流平顺，可将闸门设在堰顶稍下游一些。检修闸门和工作闸门之间应留有 $1 \sim 3m$ 的净距，以便进行检修。全部溢流孔通常备有 $1 \sim 2$ 个检修闸门，交替使用。

常用的工作闸门有平面闸门和弧形闸门。平面闸门的主要优点是结构简单，闸墩受力条件较好，各孔口可共用一个活动式启闭机；缺点是启门力较大，闸墩较厚。弧形闸门的主要优点是启门力小，闸墩较薄，且无门槽，水流平顺，闸门开启时水流条件较好；缺点是闸墩较长，且受力条件差。

检修闸门通常采用平面闸门，小型工程也可采用比较简单的叠梁门。

启闭机有活动式和固定式两种。活动式启闭机多用于平面闸门，可以兼用启吊工作闸门和检修闸门。固定式启闭机有螺杆式、卷扬式和液压式三种。

2. 闸墩和工作桥

闸墩的作用是将溢流坝前缘分隔为若干个孔口，并承受闸门传来的水压力（支承闸门），闸墩也是坝顶桥梁和启闭设备的支承结构。

闸墩的断面形状应使水流平顺，减小孔口水流的侧收缩。闸墩上游端常采用三角形、半圆形和流线型，下游端多为半圆形和流线型，以使水流平顺扩散。闸墩厚度与闸门形式有关。由于平面闸门的闸墩设有闸槽，工作闸门槽深一般不小于 0.3m，宽 0.5~1.0m，最优宽深比宜取 1.6~1.8；检修门槽深一般为 0.15~0.25m，宽 0.15~0.3m，故闸墩厚度一般 2.0~4.0m；弧形闸门闸墩的厚度为 1.5~3.0m。如果是缝墩，墩厚要增加 0.5~1.0m。闸墩通常需要配置受力钢筋和构造钢筋，并将钢筋伸入坝体受压区内，配筋数量由闸墩结构计算确定。

闸墩的长度和高度，应满足布置闸门、工作桥、交通桥和启闭机械的要求，如图 6-3 所示。

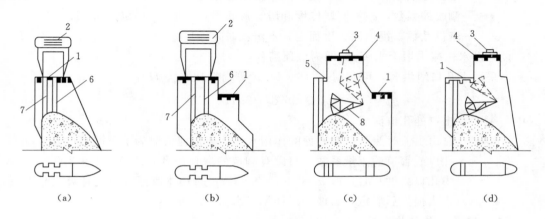

图 6-3 溢流坝顶布置图

1—公路桥；2—门机；3—启闭机；4—工作桥；5—便桥；6—工作门槽；7—检修门槽

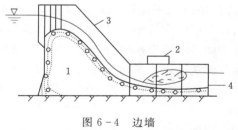

图 6-4 边墙

1—溢流坝；2—水电站；3—边墙；4—护坦

工作桥多采用钢筋混凝土结构，大跨度的工作桥也可采用预应力钢筋混凝土结构。工作桥的平面布置应满足启闭机械的安装和运行的要求。

溢流坝两侧设边墩，也称为边墙或导水墙，一方面起闸墩的作用，同时也起分隔溢流段和非溢流段的作用，如图 6-4 所示。边墩从坝顶延伸到坝趾，边墙高度由溢流水面线决定，并应考虑溢流面上水流的冲击波和掺气所引起的水面增高，一般应高出掺气水面 1~1.5m。当采用底流式消能工时，边墙还需延长到消力池末端形成导水墙。

3. 横缝的布置

溢流坝段的横缝有两种布置方式：①缝设在闸墩中间，如图 6-5（a）所示。这种情况各坝段产生不均匀沉陷时不影响闸门启闭，工作可靠；缺点是闸墩厚度增大。②缝设在溢流孔跨中，如图 6-5（b）所示。这种情况闸墩可以较薄，但易受地基不均匀沉陷的影响，且水流在横缝上流过，易造成局部水流不顺，适用于基岩较坚硬完整的情况。

三、溢流面曲线和剖面设计

（一）溢流面曲线

溢流面曲线由顶部曲线段、中间直线段和下部反弧段三部分组成，如图6-6所示。设计要求是：①有较高的流量系数；②水流平顺，不产生空蚀。

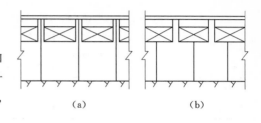

图6-5　溢流坝段横缝布置图

顶部曲线段的形状对泄流能力和流态有很大的影响。SL 319—2005《混凝土重力坝设计规范》推荐，当采用开敞式溢流孔时可采用WES幂曲线。堰面曲线方程如下：

$$x^n = K H_d^{n-1} y \tag{6-5}$$

式中　　H_d——定型设计水头，取堰顶最大作用水头 H_{max} 的75%～95%；

$\quad\quad\quad K$、n——与上游面倾斜坡度有关的参数，当上游面垂直时，$K=2.0$，$n=1.85$；

$\quad\quad\quad x$、y——以溢流坝顶点为坐标原点的坐标，x以指向下游为正，y以向下为正。

坐标原点的上游段采用复合圆弧或椭圆曲线与上游坝面连接，曲线方程及相关参数确定详见SL 319—2005《混凝土重力坝设计规范》附录A。

设有胸墙的溢流面曲线如图6-7所示，当校核洪水情况下最大作用水头与孔口高度比值 $H_{max}/D > 1.5$ 时，或闸门全开仍属孔口出流时，可按孔口射流曲线设计：

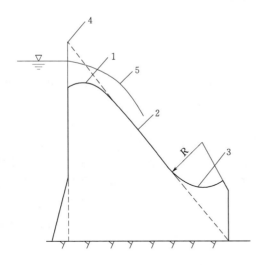

图6-6　溢流面曲线组成图

1—顶部曲线段；2—直线段；3—反弧段；

4—基本剖面；5—溢流水舌

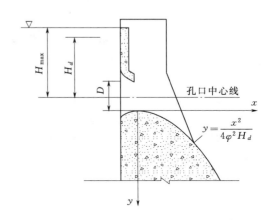

图6-7　大孔口溢流面曲线

$$y = \frac{x^2}{4\varphi^2 H_d} \tag{6-6}$$

式中　　H_d——定型设计水头，取孔口中心至校核洪水位的75%～95%；

$\quad\quad\quad \varphi$——孔口收缩断面上的流速系数，一般取 $\varphi=0.96$，若有检修门槽时 $\varphi=0.95$；

$\quad\quad\quad$若 $1.2 < H_{max}/D \leqslant 1.5$，则堰面曲线应通过试验确定。

按定型设计水头确定的溢流面曲线，当通过校核洪水闸门全部打开时，堰面将出现负压，其最大负压值不得超过 $6 \times 9.81 \text{kPa}$。定型设计水头 H_d 的取值不同，堰面出现的最大负压值也不同，具体可参考表 6-1 估算。

表 6-1　　　　　　　　　　堰面最大负压值参考取值表

$H_d/H_{\max}$	0.75	0.775	0.80	0.825	0.85	0.875	0.90	0.95	1.0
最大负压值	$0.5H_d$	$0.45H_d$	$0.4H_d$	$0.35H_d$	$0.3H_d$	$0.25H_d$	$0.2H_d$	$0.1H_d$	$0.0H_d$

（二）反弧段

溢流坝下游反弧段的作用是使溢流坝面下泄的水流平顺地与下游消能设施相衔接。对不同的消能设施可采用不同的公式。

（1）对于挑流消能，通常取反弧半径 $R = (4 \sim 10)h$。其中，h 为校核洪水位闸门全开时反弧段最低点处的水深。R 太小时，水流转向不够平顺，过大时又使反弧段向下游延伸太长，增加工程量。当反弧段流速 $v < 16 \text{m/s}$ 时，可取下限，流速越大，反弧半径也宜选用较大值。

（2）对于底流消能，反弧半径可近似按下式求得：

$$R = \frac{10^x}{3.28} \tag{6-7}$$

其中

$$x = \frac{3.28v + 21H + 16}{11.8H + 64} \tag{6-8}$$

式中　H——不计行进流速的堰上水头，m；

　　　　v——坝趾处流速，m/s。

（三）直线段

中间的直线段与坝顶曲线和下部反弧段相切，坡度一般与非溢流坝段的下游坡相同。具体应由稳定和强度分析及剖面设计确定。

（四）溢流重力坝剖面设计

溢流坝的实用剖面，既要满足稳定和强度要求，也要符合水流条件的需要，还要与非溢流重力坝的剖面相适应，上游坝面尽量与非溢流坝相一致。设计时先按稳定和强度要求及水流条件定出基本剖面和溢流面曲线，然后使基本剖面的下游边与溢流面曲线相切。当溢流坝剖面超出基本剖面时，为节约坝体工程量并满足泄流条件，可以将堰顶做成悬臂式的，如图 6-8（a）所示（悬臂高度 h_1 应大于 $H/2$，H 为堰顶最大水头）。若溢流坝剖面

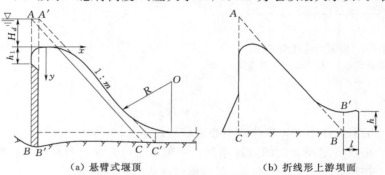

（a）悬臂式堰顶　　　　　　　　　　（b）折线形上游坝面

图 6-8　溢流坝剖面设计图

小于基本剖面,则将上游坝面做成折线形,使坝底宽等于基本剖面的底宽,如图 6-8(b)所示。有挑流鼻坎的溢流坝,当鼻坎超出基本三角形以外时 [图 6-8(b)],若 $l/h >$ 0.5,应核算 B-B' 截面的应力,如果拉应力较大,可设缝将鼻坎与坝体分开。

四、消能工的形式与设计

1. 概述

(1) 消能工的设计原则。包括:①尽量使下泄水流的大部分动能消耗于水流内部紊动及水流与空气的摩擦中;②不产生危及坝体安全的河床冲刷或岸坡局部冲刷;③下泄水流平稳,不影响枢纽中其他建筑物的正常运行;④结构简单,工作可靠;⑤工程量小,经济。

(2) 消能工的形式。常用的消能工形式有底流式消能、挑流式消能、面流式消能、消力戽消能及联合式消能(宽尾墩-挑流、宽尾墩-消力戽、宽尾墩-消力池等)。设计时应根据地形、地质、枢纽布置、水头、泄量、运行条件、消能防冲要求、下游水深及其变幅等条件进行技术经济比较,选择消能工的形式。

(3) 设计洪水标准。消能防冲建筑物设计的洪水标准,可低于大坝的泄洪标准。一等工程消能防冲建筑物宜按 100 年一遇洪水设计;二等工程消能防冲建筑物宜按 50 年一遇洪水设计;三等工程消能防冲建筑物宜按 30 年一遇洪水设计。并需考虑在小于设计洪水时可能出现的不利情况,保证安全运行。

2. 挑流消能

挑流消能是通过挑流鼻坎将高速水流自由抛射远离坝体,并利用水舌在空中扩散、掺气以及水舌跌入下游水垫内的紊动扩散消耗能量,如图 6-9 所示。这种消能方式具有结构简单、工程造价省、施工检修方便等优点;但下泄水流会形成雾化,尾水波动较大,且下游冲刷较严重,冲刷坑后形成堆丘等。适用于水头较高、下游有一定水垫深度、基岩条件良好的高、中坝,低坝经过严格论证也可采用这种消能方式。

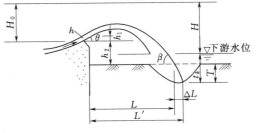

图 6-9 挑射距离和冲坑深计算

挑流消能设计的任务是:选择鼻坎形式、反弧半径、鼻坎高程和挑射角,计算水舌挑射距离和冲刷坑深度等。挑流鼻坎的常用形式有连续式和差动式两种。连续式鼻坎在工程中应用较为广泛。其优点是构造简单,水流平顺,防空蚀效果较好,但扩散掺气作用较差。连续式鼻坎的挑角可采用 $15° \sim 35°$,反弧半径尺应在 $(4 \sim 10)h$ 范围内选取。鼻坎高程一般应高出下游最高水位 $1 \sim 2m$,以利于挑流水舌下缘的掺气。水舌挑射距离可用下式估算:

$$L = \frac{1}{g} \left[v_1^2 \sin\theta\cos\theta + v_1\cos\theta \sqrt{v_1^2 \sin^2\theta + 2g(h_1 + h_2)} \right] \quad (6-9)$$

式中　L——坝下游垂直面到挑流水舌外缘与原河床面交点的水平距离,m;

　　　　v_1——坎顶水面流速,按鼻坎处平均流速 v 的 1.1 倍计,即 $v_1 = 1.1v =$

　　　　　　$1.1\varphi \sqrt{2gH_0}$(H_0 为水库水位至坎顶的落差,单位为 m;φ 为堰面流速

系数，可取 0.9～1.0），m/s；

θ——鼻坎的挑角；

h_1——坎顶垂直方向水深，m，$h_1=h/\cos\theta$（h 为坎顶平均水深）；

h_2——坎顶至河床面高差，m，如冲坑已经形成，作为计算冲坑进一步发展时，可算至坑底；

T——最大冲坑深度（由河床面至坑底），m；

β——水舌外缘与下游水面的交角。

最大冲坑深度可按下式估算：

$$T=t_k-t \tag{6-10}$$

其中

$$t_k=kq^{0.5}H^{0.25} \tag{6-11}$$

式中　t_k——最大冲坑水垫层厚度（自下游水位算至坑底），m；

q——单宽流量，$m^3/(s\cdot m)$；

H——上下游水位差，m；

t——下游水深，m；

k——冲刷系数，坚硬完整的基岩取 0.6～0.9，坚硬但完整性较差的基岩取 0.9～1.2，较坚硬，但呈块状、碎石状的基岩取 1.2～1.6，软弱、完全碎石状的基岩取 1.6～2.0。

为确保冲坑不致危及大坝和其他建筑物的安全，根据经验，安全挑距一般大于最大可能冲坑深度的 2.5～5.0 倍，具体取值需根据河床基岩节理裂隙的产状发育情况确定。

3. 底流消能

底流消能是在溢流坝坝趾下游设置一定长度的护坦，使过坝水流在护坦上发生水跃，通过水流的漩滚、摩擦、撞击和掺气等作用消耗能量，以减轻对下游河床和岸坡的冲刷。底流消能原则上适用于各种高度的坝以及各种河床地质情况，尤其适用于地质条件差、河床抗冲能力低的情况。底流消能运行可靠，下游流态比较平稳，对通航和发电尾水影响较小。但工程量较大，且不利于排冰和过漂浮物。

设计底流消能时，首先要进行水力计算以判断水流衔接状态。若为远驱水跃，则应采取工程措施，如设置消力池、消力坎或综合消力池等，促使水流在池内发生水跃以消能。为提高消能效果，还可以布置一些辅助消能工，如趾坎、消力墩、尾槛等，以强化消能、减小消力池的深度和长度。底流消能的水力计算（消力池的深度和长度、导水墙高度）具体见 SL 265—2016《水闸设计规范》的相关内容。图 6-10 为湖北陆水水电站溢流坝的消能布置。

底流式消能的护坦通常用钢筋混凝土修筑，其配筋一般按构造要求配置。护坦厚度可由抗浮稳定和强度条件确定，一般为 1～3m。岩基上的护坦可用锚筋和基岩锚固，锚筋直径 25～36mm，间距 1.5～2.0m，按梅花形布置；当基岩软弱或构造发育时，也可在护坦底部设置排水系统以降低扬压力；护坦一般还应设置伸缩缝，以适应温度变形；护坦表层常采用高强度混凝土浇筑，以提高抗冲和抗磨能力。

4. 面流消能

面流消能是在溢流坝下游面设置低于下游水位、挑角不大（挑角为 $10°\sim15°$）的鼻

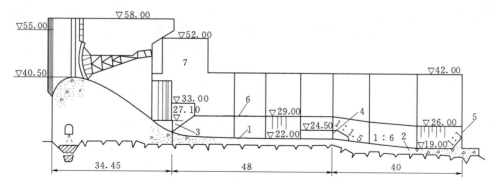

图 6-10　湖北陆水水电站底流式消能布置图（单位：m）

1——级消力池；2—二级消力池；3—趾墩；4—消力墩；5—尾墩；6—导水墙；7—电站厂房

坎，使下泄的高速水流既不挑离水面也不潜入底层，而是沿下游水流的上层流动。水舌下有一水滚，主流在下游一定范围内逐渐扩散，使水流流速分布逐渐接近正常水流情况，故此称为面流式消能（图 6-11）。这种消能型式适用于水头较小的中、低坝，且下游水深较大，水位变幅小，河床和两岸有较高的抗冲能力，或有排冰和过木要求的情况；虽

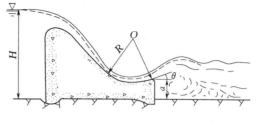

图 6-11　面流式消能

然水舌下的水滚是流向坝趾的，但流速较低，河床一般不需加固。由于表面高速水流会产生很大的波动，有的绵延数公里还难以平稳，所以对电站运行和下游航运不利，且易冲刷两岸。

5. 消力戽消能

这种消能形式是在坝后设一大挑角（约45°）的低鼻坎（即戽唇，其高度 a 一般约为下游水深的1/6），其水流形态的特征表现为三滚一浪（图 6-12）。戽内产生逆时针方向（如果水流方向向右时）的表面漩滚，戽外产生顺时针向的底部漩滚和逆时针向的表面漩滚，下泄水流穿过漩滚产生涌浪，并不断掺气进行消能。

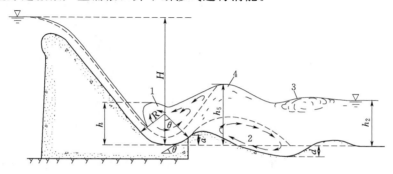

图 6-12　戽流式消能布置图

1—戽内漩滚；2—戽后底部漩滚；3—下游表面漩滚；4—戽后涌浪

戽式消能的优点是：工程量比底流式消能的小，冲刷坑比挑流消能的浅，不存在雾化问题。其主要缺点与面流式消能相似，并且底部漩滚可能将砂石带入戽内造成磨损。如将戽唇做成差动式可以避免上述缺点，但其结构复杂，齿坎易空蚀，采用时应慎重研究。消力戽消能的适用情况与面流式消能基本相同，但不能过木排冰，且对尾水的要求是须大于跃后水深。

【案例分析】 溢 流 坝 段 设 计

1. 溢流重力坝的工作特点

溢流坝是重力坝枢纽中最重要的泄水建筑物，用于将规划库容所不能容纳的绝大部分洪水经由坝顶泄向下游，以保证大坝的安全。溢流坝应满足泄洪要求，具体包括：

（1）有足够的孔口尺寸、良好的孔口形体，泄水时具有较高的流量系数。

（2）使水流平顺地流过坝体不产生负压和振动，避免发生空蚀现象。

（3）保证下游河床不产生危及坝体安全的局部冲刷。

（4）溢流坝在枢纽中的位置，应使下游流态平顺，不产生折冲水流，不影响枢纽中其他建筑物的正常运行。

（5）有灵活控制下泄的设备，如闸门、启闭机等。

2. 溢流坝的剖面设计

（1）泄水方式的选择。溢流重力坝既是挡水建筑物又是泄水建筑物，除了要满足稳定和强度的要求外，还要满足泄水要求。因此，需要有足够的孔口尺寸、较好的孔口体形，以满足泄水的要求，并使水流平顺，不产生空蚀破坏。溢流坝的泄水方式主要有两种：

1）开敞溢流式：除宣泄洪水外，还用于排除冰凌和其他漂浮物，堰顶可设置闸门，也可不设。不设闸门时堰顶高程等于水库的正常蓄水位，泄洪时，库水位壅高，淹没损失加大，非溢流坝坝顶高程也相应提高，但结构简单，管理方便。适用于泄洪量较小，淹没损失不大的中、小型工程。设置闸门的溢流坝，其闸门顶高程略高于正常蓄水位，堰顶高程较低，可利用闸门的开启高度调节库水位和下泄流量，适用于大型工程及重要的中型工程。

2）大孔口溢流式：上部设胸墙，堰顶高程较低。这种形式溢流孔可按洪水预报提前放水，加大蓄洪库容，从而提高水库调洪能力。当库水位低于胸墙时，下泄水流形式和开敞式相同；库水位高出孔口一定高度后为大孔口泄流，超泄能力不如开敞溢流式。

为使水库具有较大的泄洪能力，宜优先考虑开敞溢流式。根据其各自的优缺点，以及适用条件，结合基本资料，本设计选择开敞式泄流。

（2）洪水标准的确定。本设计混凝土重力坝是 1 级建筑物，根据 SL 252—2017《水利水电枢纽工程等级划分及设计标准》的规定，采用 1000 年一遇的洪水标准进行设计，5000 年一遇的洪水标准进行校核。

（3）孔口尺寸。由任务二案例分析中调洪计算的结果可知：孔口数共 3 孔，孔口宽为8m，高为 7m。

（4）溢流坝段总长度的计算。通过调洪演算，可得出枢纽总下泄流量 $Q_总$，则通过溢

流孔口的下泄流量应为

$$Q_溢 = Q_总 - \alpha Q_0 \qquad (6-12)$$

式中 α——系数，正常运用时取 0.75～0.9，校核时取 1.0；

Q_0——经过电站的下泄流量。由于遭遇厂房校核洪水标准及其以上洪水，为安全计，洪水调节计算时不考虑发电流量，则 $Q_溢 = Q_总$，见表 6-2。

在调洪演算中确定了堰顶高程为 171.24m，3 个表孔，孔口宽 8m，高 7m，则溢流坝段净宽 $L = 3 \times 8 = 24$（m）。根据工程经验，拟定闸墩的厚度。初拟中墩厚度为 3.0m，闸墩上游墩头为半圆弧，尾部为半圆形，边墩厚度为 1.5m，则溢流坝段的总长度 $L_0 = L + (n-1)d + 2t = 24 + (3-1) \times 3 + 2 \times 1.5 = 33$（m）。

表 6-2 下 泄 流 量

计算情况	$Q_总/(\text{m}^3/\text{s})$	$Q_溢/(\text{m}^3/\text{s})$
设计情况	1491.2	1491.2
校核情况	1718	1718

（5）定型设计水头的确定。堰上最大水头 H_{max}＝校核洪水位－堰顶高程，则

$$H_{max} = 181.67 - 171.24 = 10.43(\text{m})$$

定型设计水头 H_d 为：$H_d = (0.75 \sim 0.95)H_{max} = 7.82 \sim 9.91\text{m}$，取 $H_d = 9.46\text{m}$。

由于定型设计水头 H_d 不同，堰顶可能出现的最大负压也不同。SL 319—2005《混凝土重力坝设计规范》规定：校核洪水位闸门全开时，出现的负压一般不超过 3～6m 水柱高（1m 水柱高＝9.8kPa）。

定型设计水头 H_d 的选择与堰面可能出现的最大负压，可参考表 6-3 确定。

表 6-3 堰面可能出现的最大负压

H_d/H_{max}	最大负压值/kPa	H_d/H_{max}	最大负压值/kPa
0.75	$0.91H_d$	0.875	$2.45H_d$
0.775	$4.41H_d$	0.900	$1.96H_d$
0.800	$3.92H_d$	0.950	$0.98H_d$
0.825	$3.43H_d$	1.00	$0.00H_d$
0.850	$2.94H_d$		

由 $H_d/H_{max} = 9.46/10.43 = 0.91$ 知，可能出现的最大负压为

$$(1.96 - 0.196)H_d = 1.746 \times 9.46 = 16.69(\text{kPa})$$

产生的水柱高 16.69/9.8＝1.7（m），没有超过 3～6m 的范围。

（6）消能形式及防冲设计。

1）消能形式的选择。通过溢流坝顶下泄的水流，往往具有很高的流速，具有巨大的能量，对下游河床具有明显的破坏能力。因此必须采用有效的消能措施，以保证下游河床免受冲刷及大坝的安全。

消能设计的原则是：消能效果好，结构可靠，防止空蚀和磨损，淘刷坝基和岸坡，经济合理，以保护坝体和有关建筑物的安全。在设计时应根据坝址地形、地质条件、枢纽布置、坝高、下泄流量等确定。

溢流坝的常规消能方式主要有底流消能、挑流消能、面流消能和消力戽消能。下面就这四种消能方式进行比较。

a. 底流消能。底流消能就是在建筑物的下游采取一定的工程措施，控制水跃发生的位置，通过水跃产生的表面漩滚和强烈的紊动以达到消能的目的。一般水闸、中小型溢流坝或地质条件较差的各类泄水建筑物，多采用底流消能，即底流消能适用于中坝、低坝或基岩较软弱的河道。其优点：能适用于不同水头、不同流量的各类泄水建筑物，对地质条件要求相对较低，对尾水变幅适应性较好，消能效果十分显著。缺点：消力池工程量大，投资高，且流速较高时易发生空蚀及磨损。

b. 挑流消能。挑流消能就是在泄水建筑物的下游端修建一挑流坎，利用下泄水流的巨大动能，将水流挑入空中，使水流扩散、掺气，然后跌进下游河床的水垫中。水流在同空气摩擦的过程中可消耗一部分能量，水流进入水垫后，发生强烈的摩擦、漩滚，冲刷河床形成冲坑，其余大部分能量消耗于冲坑中。适用于岩石坚硬的高、中坝。优点：可以节约下游护坦，构造简单，便于维修；缺点：雾气大，尾水波动大。对于挑流消能时冲坑的临空面会影响泄水坝段的稳定，但经过坝基处理，可以满足坝体稳定要求。坝址位于山区，下游没有重要的企业工矿及人口密集的城镇，因此雾化对下游影响小。

c. 面流消能。当下游水深较大且比较稳定时，可采用一定的工程措施，将下泄的高速水流导向下游的上层，主流和河床之间由巨大的底部漩滚隔开，可避免高速主流对河床的冲刷。余能主要通过水舌扩散、流速分布调整及底部漩滚与主流的相互作用而消除。适用水头较小的中坝、低坝，河道顺直，水位稳定，尾水较深，河床和两岸在一定范围内有较高的抗冲能力。由于面流对下游水位比较敏感，结合本工程实际情况，主坝没有厂房及通航建筑物，不泄洪时下游基本为无水状态，要形成稳定的面流十分困难。

d. 消力戽消能。消力戽的挑流鼻坎潜没在水下，形不成自由水舌，水流在戽内产生漩滚，经鼻坎将高速的主流挑至表面。消力戽适用于尾水较深（大于跃后水深）且变幅较小，无航运要求且下游河床和两岸抗冲能力较强的情况。

综上所述，再考虑经济要求，确定选用挑流消能方式。

2）挑流消能设计。主要内容包括：选择合适的鼻坎型式、确定鼻坎高程、反弧半径、挑流角度计算挑距和下游冲刷坑深度。

a. 鼻坎型式的选择。常用的鼻坎型式有连续式和差动式两种。连续式鼻坎结构简单，施工方便，易于避免发生空蚀破坏，水流雾化轻，鼻坎上水流平顺，且挑距较远，应用广泛。差动式鼻坎系将挑坎做成齿状，形成齿、槽相间的挑坎，使通过挑坎的水流分成上下两层，扩散和掺气充分，空中消能效果较好，水舌入水范围较大，冲坑深度将会减少，但施工复杂。考虑到经济和施工方便等因素采用连续式鼻坎。

b. 鼻坎高程的确定。鼻坎高程越低，出口断面流速越大，射程越远，同时工程量小，可以降低造价，但是鼻坎坎顶高程应高出下游水位，一般以 $1\sim2m$ 为宜。校核洪水 $q=1718m^3/s$，查坝址水位-流量关系表，可得相应的下游水深为 $146.34m$，取鼻坎高程为 $146.34+1.66=148$（m）。

c. 反弧挑角的选定。挑坎挑角越大（45°以内），挑射距离越远，但此时水舌落入下游水垫的入射角较大，冲刷坑也就越深。根据 SL 319—2005《混凝土重力坝设计规范》的规定，挑坎挑角的大小，宜采用 $15°\sim35°$。根据工程经验取 $\theta=26°$。

d. 反弧半径的确定。溢流坝面反弧段是使沿溢流面下泄水流平顺转向的工程设施，通常采用圆弧曲线。根据 SL 319—2005《混凝土重力坝设计规范》的规定，对于挑流消能，$R=(4\sim10)h$，h 为校核洪水闸门全开时反弧段最低点处的水深。反弧处流速越大，要求反弧半径越大。当流速小于 16m/s 时，取下限；流速较大时，宜采用较大值。

根据《水力计算手册》（李炜，中国水利水电出版社，2006），鼻坎处断面平均流速 v 可按下式计算：

$$v=\varphi\sqrt{2gS_1} \tag{6-13}$$

$$\varphi=\sqrt[3]{1-\frac{0.055}{k_1^{0.5}}} \tag{6-14}$$

$$k_1=\frac{q}{\sqrt{q}Z^{1.5}} \tag{6-15}$$

$Q=Av=Bhv$，所以坎顶平均水深 h 为

$$h=\frac{Q}{Bv} \tag{6-16}$$

以上式中　v——鼻坎出口断面的流速，m/s；

φ——流速系数；

k_1——流能比；

q——单宽流量，按照规范，$q=1718/30=52.27[\text{m}^3/(\text{s}\cdot\text{m})]$；

Z——上下游水位差，$Z=181.67-146.34=35.33(\text{m})$；

S_1——上游水位至反弧段最低点的高程，m；

Q——校核洪水时溢流坝下泄流量，m^3/s，$Q=1718\text{m}^3/\text{s}$；

B——鼻坎处水面宽度，m。

$$B=nb+(n-1)d=3\times8+(3-1)\times3=30(\text{m})$$

假定反弧段半径为 15m，则反弧段最低点高程为

$$\nabla_底=\nabla_{坎顶}+R\cos26°-15=148+15\cos26°-15=146.48(\text{m})$$

$$S_1=181.67-146.48=35.19(\text{m})$$

则由式（6-13）～式（6-16）可求得

$$k=\frac{q}{\sqrt{q}Z^{1.5}}=\frac{52.27}{\sqrt{52.27}\times35.33^{1.5}}=0.03$$

$$\varphi=\sqrt[3]{1-\frac{0.055}{k^{0.5}}}=\sqrt[3]{1-\frac{0.055}{0.03^{0.5}}}=0.88$$

$$v=\varphi\sqrt{2gS_1}=0.88\times\sqrt{2\times9.81\times35.19}=23.12(\text{m/s})$$

$$h=\frac{Q}{Bv}=\frac{1718}{30\times23.12}=2.48(\text{m})$$

反弧半径 $R=(4\sim10)h=9.92\sim24.8\text{m}$，$R=15\text{m}$ 在范围之内，所以假设是正确的，故取 $R=15\text{m}$。

e. 水舌的挑距 L 及可能最大冲坑深度的估算。连续式挑流鼻坎的水舌挑距 L 按水舌外边缘计算，如图 6-13 所示，其估算公式为

$$L=\frac{v_1^2\sin\theta\cos\theta+v_1\cos\theta\sqrt{v_1^2\sin^2\theta+2g(h_1+h_2)}}{g} \tag{6-17}$$

式中　L——水舌挑距，m；

$\quad\quad v_1$——坎顶水面流速，按鼻坎处平均流速 v 的 1.1 倍计，即 $v_1=1.1v=1.1\varphi\sqrt{2gH_0}$；

$\quad\quad h_1$——坎顶垂直方向水深，$h_1=h/\cos\theta$，m；

$\quad\quad h_2$——坎顶至河床面高差，m。

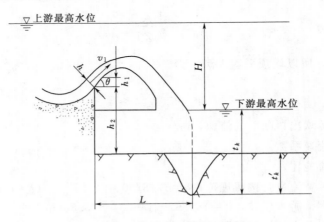

图 6-13　挑流消能冲刷坑示意图

最大冲坑水垫厚度估算公式：

$$t_k=kq^{0.5}H^{0.25} \tag{6-18}$$

$$t_k'=kq^{0.5}H^{0.25}-H_2 \tag{6-19}$$

式中　t_k——水垫厚度，自水面算至坑底，m；

$\quad\quad t_k'$——冲坑厚度，m；

$\quad\quad q$——单宽流量，m³/(s·m)；

$\quad\quad H$——上下游水位差，m；

$\quad\quad H_2$——下游水深，m；

$\quad\quad k$——冲刷系数，坚硬完整的基岩 $k=0.9\sim1.2$，坚硬但完整性较差的基岩 $k=1.2\sim1.5$，软弱破碎、裂隙发育的基岩 $k=1.5\sim2.0$，取 $k=1.2$。

挑距 L 的计算：

$$v_1=1.1v=1.1\times23.12=25.4(\text{m/s})$$

$$h_1=\frac{h}{\cos\theta}=\frac{2.48}{\cos26°}=2.69(\text{m})$$

$$h_2=148-141.8=6.2(\text{m})$$

$$L = \frac{v_1^2 \sin\theta\cos\theta + v_1\cos\theta \sqrt{v_1^2 \sin^2\theta + 2g(h_1 + h_2)}}{g}$$

$$= \frac{1}{9.81}\left[25.4^2 \sin26°\cos26° + 25.4\cos26° \sqrt{25.4^2 \sin^2 26° + 2\times9.81\times(2.69 + 6.2)}\right]$$

$$= 75.66(\text{m})$$

水垫厚度 t_k 的计算：

$$H = 181.67 - 146.34 = 35.33(\text{m})$$

$$q = \frac{Q}{B} = 52.27\text{m}^3/(\text{s}\cdot\text{m})$$

$$t_k = kq^{0.5}H^{0.25} = 1.2\times52.27^{0.5}\times35.33^{0.25} = 21.15(\text{m})$$

$$t_k' = kq^{0.5}H^{0.25} - H_2 = 21.15 - 4.54 = 16.61(\text{m})$$

$$\frac{L}{t_k'} = \frac{75.66}{16.61} = 4.56 > 2.5$$

由此可知，挑流消能形成的冲坑不会影响大坝的安全。

（7）溢流坝剖面设计。溢流坝的基本剖面为三角形，上游面与非溢流坝段均为铅直面，溢流面由顶部曲线段、中间直线段和反弧段三部分组成。设计要求：①有较高的流量系数，泄流能力大；②水流平顺，不产生不利的负压和空蚀破坏；③体形简单，造价便宜，便于施工等。

1）顶部曲线段。溢流坝顶部曲线是控制流量的关键部位，其形状多与锐缘堰泄流水舌下缘曲线相吻合，否则会导致泄流量减少或堰面产生负压。常用的有克-奥曲线和 WES 曲线。由于 WES 坝面曲线的流量系数较大且剖面较瘦，工程量较省，坝面曲线用方程控制，比克-奥曲线用给定坐标值的方法设计施工方便。所以采用 WES 剖面曲线。WES 型溢流堰顶部曲线以堰顶为界分上游段和下游段两部分。上游段曲线采用椭圆曲线，下游曲线采用幂曲线。

幂曲线方程：

$$x^n = kH_d^{n-1}y \tag{6-20}$$

式中　n——与上游堰坡有关的指数；

　　　k——系数；

　x、y——以堰顶为原点下游堰面曲线的横、纵坐标；

　　　H_d——定型设计水头，按堰顶最大水头的 75%～95% 计算。

幂曲线 x 与 y 的关系计算见表 6-4。

因上游面铅直，查 SL 319—2005《混凝土重力坝设计规范》表 A.1.1，得 $n = 1.85$，$k = 2.0$。又 $H_d = 9.46\text{m}$，则

$$x^{1.85} = 2.0\times9.46^{0.85}y$$

表 6-4　　　　　　　　　　　　　　　　幂曲线 x 与 y 的关系计算表

x	0	1	2	3	4	5	6	7	8	9	10	11
y	0.00	0.07	0.27	0.56	0.96	1.45	2.04	2.71	3.47	4.31	5.24	6.25

堰顶上游采用椭圆曲线，其方程为

$$\frac{x^2}{(aH_d)^2} + \frac{(bH_d - y)^2}{(bH_d)^2} = 1.0 \tag{6-21}$$

式中 aH_d、bH_d——椭圆曲线的长半轴和短半轴。

当 $p_1/H_d \geqslant 2$ 时，$a = 0.28 \sim 0.30$，$a/b = 0.87 + 3a$；当 $p_1/H_d < 2$ 时，$a = 0.215 \sim 0.28$，$b = 0.127 \sim 0.163$；当 p_1/H_d 取值小时，a 与 b 相应取小值。取 $a = 0.3$，则 $b = 0.17$，那么

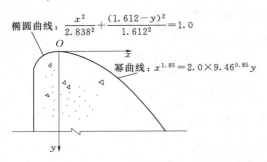

椭圆曲线：$\dfrac{x^2}{2.838^2} + \dfrac{(1.612 - y)^2}{1.612^2} = 1.0$

幂曲线：$x^{1.85} = 2.0 \times 9.46^{0.85} y$

图 6-14 顶部曲线段示意图

$aH_d = 0.3 \times 9.46 = 2.838$

$bH_d = 0.17 \times 9.46 = 1.612$

由式（6-21）得其椭圆曲线方程如下：

$$\frac{x^2}{2.838^2} + \frac{(1.612 - y)^2}{1.612^2} = 1.0$$

顶部曲线段示意图如图 6-14 所示。

2）中间直线段。顶部曲线段确定后，中间直线段分别与顶部曲线段和底部的反弧段相切，其坡度与非溢流坝段下游坡度相同，即为 1：0.73。直线段与幂曲线相切时，切点 C 的横坐标为 x_C。

$$x_C = [k/(m \cdot n)]^{\frac{1}{n-1}} H_d \tag{6-22}$$

式中 k、n、H_d——与前面的符号含义相同；

m——坝下游的坡度。

由式（6-22）求得

$$x_C = \left(\frac{2.0}{0.73 \times 1.85}\right)^{\frac{1}{1.85-1}} \times 9.46 = 15.02$$

则由幂曲线公式求得 $y_C = 11.12$，即切点坐标为（15.02,11.12）。

反弧段半径及反弧圆心的确定：由前面计算反弧段半径为 15m。设圆心坐标为 $O(x_O, y_O)$，圆心高程

$$\nabla_O = \nabla_{\text{坎}} + R\cos\theta_2 = 148 + 15\cos 26° = 161.48（\text{m}）$$

则

$$y_O = 171.24 - 161.48 = 9.76$$

设直线与反弧段的切点为 $D(x_D, y_D)$，则

$$y_D = y_O + R\cos\theta_1 = 9.76 + 15\cos 53.87° = 18.6$$

$$x_D = x_C + \frac{y_D - y_C}{\tan\theta_1} = 15.02 + \frac{18.6 - 11.12}{1/0.73} = 20.48$$

$$x_O = x_D + R\sin\theta_1 = 20.48 + 15 \times \sin 53.97° = 32.6$$

综上幂曲线与直线段的交点为 $C(15.02,11.12)$，反弧段圆心为 $O(32.6,9.76)$，直线与反弧的切点为 $D(20.48,18.6)$。

溢流坝底宽长度及反弧段最低点高程的计算：

溢流坝底宽　　　$B = 4 + 2.84 + 39.6 = 46.44（\text{m}）$

反弧段最低点高程　　$171.24 - y_O - R = 171.24 - 9.76 - 15 = 146.48（\text{m}）$

溢流坝剖面图如图 6-15 所示。

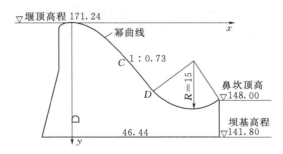

图 6-15 溢流坝剖面图（单位：m）

自 测 题

一、选择题

1. 下面的哪一个形式不是低实用堰的形式？（　　）

A. 梯形　　　　　　B. 曲线形　　　　　　C. 驼峰形　　　　　　D. 圆形

2. （　　）消能方式工作可靠，但工程量较大，多用于低水头、大流量的溢流重力坝。

A. 挑流　　　　B. 底流　　　　　C. 面流　　　　　D. 消力戽

3. 在较好的岩基上宜采用（　　）消能。

A. 挑流　　　　B. 底流　　　　　C. 面流　　　　　D. 消力戽

4. 就流量系数而言，下列哪种溢流堰较大？（　　）

A. 实用堰　　　　B. 宽顶堰　　　　C. WES 堰　　　　D. 幂曲线堰

5. 溢流坝属于（　　）。

A. 挡水建筑物和泄水建筑物　　　　　B. 次要建筑物

C. 挡水建筑物　　　　　　　　　　　D. 泄水建筑物

二、填空题

1. 溢流坝既是（　　　　　　），又是（　　　　　　　）。因此，坝体剖面设计时除满足稳定和强度要求外，还要满足（　　　　）的要求，同时要考虑下游的消能问题。

2. 溢流坝的溢流面由顶部的（　　　　　）、中间的（　　　　　）、底部的（　　　　　）组成。

3. 单宽流量的大小是溢流坝设计中的一个很重要的控制指标。如果单宽流量越大，对（　　　　）不利，但对（　　　　）有利。

4. 溢流坝段的横缝有两种布置方式。其中，横缝布置在（　　　　　　）时，相邻坝段产生的不均匀沉陷不影响闸门启闭，但闸墩厚度（　　　　　）。另一种形式，横缝布置在（　　　　），闸墩比较薄，但受地基不均匀沉陷的影响大。

5. 溢流重力坝下游消能方式有（　　　　　）、（　　　　　　）、面流式、消力戽四种形式。

三、判断题

1. 溢流重力坝的堰顶高程较深式泄水孔高，因此其溢洪超泄能力较小。　　　　（　　）

2. 挑流消能适用于基岩较坚固、水头较高的情况。　　　　　　（　　）

3. 按定型设计水头确定的溢流面顶部曲线，当通过校核洪水位时不能出现负压。（　　）

4. 溢流面上的混凝土必须具有足够的耐久性。　　　　　　　　（　　）

5. 溢流重力坝的消能方式中的挑流消能方式一般适用于基岩一般的低、中溢流重力坝。　　　　　　　　　　　　　　　　　　　　　（　　）

工 作 任 务 书

工作名称	任务七　重力坝的泄水孔布置		建议学时	4 学时
班级		学员姓名	工作日期	

实训内容与目标	（1）泄水孔进口段布置，包括进水口底部高程、进水口形体、闸门槽、通气孔、平压管、进口渐变段尺寸拟定； （2）出水口布置，包括出口渐变段、有压孔的工作闸门、出口消能布置
实训步骤	（1）泄水孔进口段的布置； （2）出水口的布置； （2）应用规范绘制泄水孔纵剖视图
提交成果	（1）泄水孔设计计算书； （3）泄水孔纵剖视图
考核方式	（1）知识考核采用笔试、提问； （2）技能考核依据设计报告和设计图进行提问、现场答辩、项目答辩、项目技能过关考试

工作评价	小组互评	同学签名：_____　　年　月　日
	组内互评	同学签名：_____　　年　月　日
	教师评价	教师签名：_____　　年　月　日

任务七　重力坝的泄水孔布置

一、坝身泄水孔的作用

坝身泄水孔的进口全部淹没在设计水位以下，随时可以放水，故又称深式泄水孔。其作用有：①预泄洪水，增大水库的调蓄能力；②放空水库以便检修；③排放泥沙，减少水库淤积，延长水库使用寿命；④向下游供水，满足航运和灌溉要求；⑤施工导流。

二、坝身泄水孔的组成及形式

（1）泄水孔的组成。一般由进口段、闸门控制段、孔身段和出口消能段组成。

（2）泄水孔的形式。按孔身水流条件，坝身泄水孔可分为无压和有压两种类型。前者指泄水时除进口附近一段为有压外，其余部分均处于明流无压状态，如图7-1所示。后者是指闸门全开时，整个管道都处于满流承压状态，如图7-2所示。无压孔的有压段又包括进口段、门槽段和压坡段三个部分，压坡段末端设工作闸门；有压孔的进口段之后为事故检修门门槽段，其后接平坡段或小于1：10的缓坡段，工作闸门设在出口端，其前为压坡段。

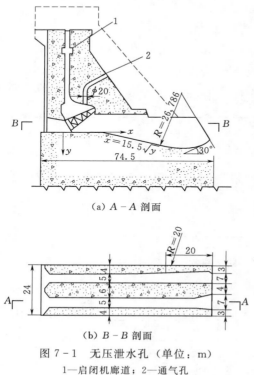

（a）A-A剖面

（b）B-B剖面

图7-1　无压泄水孔（单位：m）

1—启闭机廊道；2—通气孔

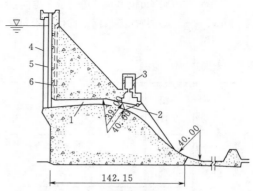

图7-2　有压泄水孔（单位：m）

1—泄水孔；2—弧形闸门；3—启闭机室；

4—闸墩；5—检修闸门；6—通气孔

发电引水应为有压孔，其他用途的泄水孔，可以是有压或无压的。有压孔的工作闸门一般都设在出口，孔内始终保持满水有压状态。无压孔的工作闸门和检修闸门都设在进口，工作闸门后的孔口断面扩大抬高，以保证门后为无压明流。

三、泄水孔的布置

坝身泄水孔应根据其用途、枢纽布置要求、地形地质条件和施工条件等因素进行布置。泄洪孔宜布置在河槽部位，以便下泄水流与下游河道衔接。当河谷狭窄时，宜设在溢流坝段；当河谷较宽时，则可考虑布置于非溢流坝段。其进口高程在满足泄洪任务的前提下，应尽量高些，以减小进口闸门上的水压力；灌溉孔应布置在灌区一岸的坝段上，以便与灌溉渠道连接，其进口高程则应根据坝后渠首高程来确定，必要时，也可根据泥沙和水温情况分层设置进水口；排沙底孔应尽量靠近电站、灌溉孔的进水口及船闸闸首等需要排沙的部位；发电进水口的高程，应根据水力动能设计要求和泥沙条件确定。一般设于水库最低工作水位以下一倍孔口高度处，并应高出淤沙高程1m以上；为放空水库而设置的放水孔、施工导流孔，一般均布置得较低。

四、泄水孔的体型与构造

1. 有压泄水孔

（1）进水口的体型。为使水流平顺，减少水头损失，避免孔壁空蚀，进口形状应尽可能符合流线变化规律，工程中宜采用四侧或顶、侧面椭圆曲线进水口，其典型布置如图7-3所示。

（2）出水口。有压泄水孔的出口控制着整个泄水孔内的内水压力状况。为消除负压，避免出现空蚀破坏，宜将出口断面缩小，收缩量为孔身面积的$10\%\sim15\%$，并将孔顶降低，孔顶坡比可取$1:10\sim1:5$。

（3）孔身断面及渐变段。有压泄水孔的断面一般为圆形，但进出口部分为适应闸门要求应为矩形断面，故圆形、矩形断面间应设渐变段过渡连接。

（4）闸门槽。有压泄水孔出口的工作闸门，一般采用不设门槽的弧形闸门，而进口检修闸门常采用平面闸门。若闸门槽体型设计不当，很容易产生空蚀。对高水头的情况，闸门槽应用图7-4所示的形状。

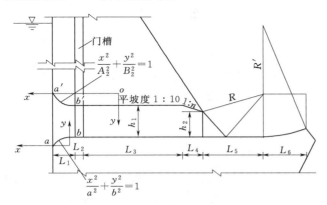

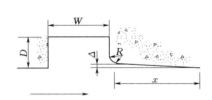

图7-3　有压泄水孔典型布置图

图7-4　高水头下闸门槽形状图
$W/D=1.6\sim1.8$；$\Delta/D=0.05\sim0.08$；
$R/D=0.1$；$X/\Delta=10\sim12$

（5）通气孔。通气孔的作用是关闭检修闸门后，开工作闸门放水，向孔内充气；检修完毕后，关闭工作闸门，向闸门之间充水时排气。通气孔的断面积由计算确定，但宜大于充水管或排水管的过水断面积。为防止发生事故，通气孔的进口必须与闸门启闭室分开，以免影响工作人员的安全。

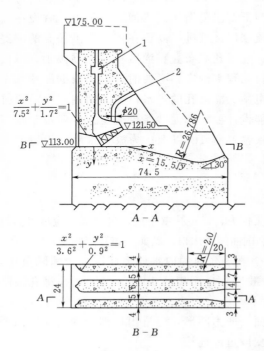

图 7-5　无压泄水孔（单位：m）
1—启闭机廊道；2—通气孔

2. 无压泄水孔

无压泄水孔在平面上宜作直线布置，其过水断面多为矩形。

（1）进水口体型。无压泄水孔的有压段与有压泄水孔的相应段体型、构造基本相同，如图 7-5 所示。压坡段的坡度一般为 1:4~1:6，压坡段的长度一般为 3~6m。

（2）明流段。为使水流平顺无负压，明流段的竖曲线通常设计为抛物线。明流段的孔顶在水面以上应有足够的余幅，当孔身为矩形时，顶部高出水面的高度取最大流量时不掺气水深的 30%~50%；当孔顶为圆拱形时，拱脚距水面的高度可取不掺气水深的 20%~30%。明流段的反弧段，一般采用圆弧式，末端鼻坎高程应高于该处下游水位以保证发生自由挑流。

（3）通气孔。检修闸门后的通气孔布置要求与有压泄水孔完全相同。除此之外，为使明流段流态稳定，还应在工作闸门后设通气孔（图 7-5），向明流段不断补气。

【案例分析】　放空建筑物设计

1. 作用

放空建筑物的作用有：宣泄部分洪水，预泄库水；增大水库的调蓄能力；放空水库以便检修；排放泥沙，减少水库淤积；随时向下游放水，满足航运要求以及施工导流等作用。

2. 类型选择

泄水孔的类型按孔内水流状态分为有压泄水孔和无压泄水孔。

（1）有压泄水孔。工作闸门布置在出口，门后为大气，可以部分开启；出口高程较低，作用水头较大，断面尺寸较小。缺点是：闸门关闭时承受较大的内水压力，对坝体应力和防渗都不利，常需钢板衬砌。为此，常在进口处设置事故检修闸门，平时兼用作挡水。

（2）无压泄水孔。工作闸门布置在进口。为了形成无压水流，需要在闸门后将孔的顶部升高。闸门可以部分开启，闸门关闭后孔道内无水。明流段可不用钢板衬砌，施工简便，干扰少，有利于加快施工进度；与有压孔相比，若尺寸过大，对坝体削弱较大。综合本枢纽工程的基本资料和放空建筑物的作用进行比较，选择无压泄水孔。

3. 高程与尺寸的确定

（1）高程。进水口孔底部高程选在淤沙高程 155m 处，满足枯水期将水放至死水位 166.28m 放空水库检修的要求。

（2）进口尺寸。初拟进口尺寸为宽×深＝4m×4m，设置一孔，泄水孔布置在河槽部位，以便下泄水流与下游河道衔接。当河谷狭窄时宜布置在溢流坝段中，当河谷较宽时则可考虑设于非溢流坝段。本工程河谷较宽，故布置在非溢流坝段孔壁紧邻溢流坝段。

（3）放空能力验算。见表 7－1，分七段放空水库，计算累计放空时间 t。

表 7－1　　　　　　　　　　　分段泄水水位、库容对应关系表

水位/m	178.2	176.46	174.72	172.98	171.24	169.59	167.94	166.28
库容/万 m³	14.13	12.65	11.25	10	8.76	7.65	6.45	5.62

正常蓄水位以上的水由表孔和底孔同时泄流。开敞式溢流堰泄流能力计算公式如下：

$$Q = Cm\varepsilon\sigma_s B \sqrt{2g}H_w^{3/2} \tag{7-1}$$

式中　Q——流量，m³/s；

　　　B——溢流堰净宽，m；

　　H_w——堰顶以上作用水头，m；

　　　g——重力加速度，m/s²；

　　　m——流量系数；

　　　C——上游面坡度影响修正系数，当上游面为铅直面时，C 取 1.0；

　　　ε——侧收缩系数，根据闸墩厚度及墩头形状而定，可取 $\varepsilon=0.90\sim0.95$；

　　　σ_s——淹没系数，视泄流的淹没程度而定，不淹没时 $\sigma_s=1.0$。

孔口泄流能力计算公式如下：

$$Q = \mu A_k \sqrt{2gH_w} \tag{7-2}$$

式中　Q——流量，m³/s；

　　A_k——出口处的面积，m²；

　　H_w——自由出流时为孔口中心处的作用水头，淹没泄流时为上下游水位差，m；

　　　μ——孔口或管道流量系数，初期设计时对设有胸墙的堰顶高孔，当 $H_w/D=2.0\sim$
　　　　　　2.4（D 为孔口高，m）时，取 $\mu=0.74\sim0.82$，对深孔取 $\mu=0.83\sim0.93$，
　　　　　　当为有压流时，μ 必须计算沿程及局部水头损失后确定。

从 178.2m 到 176.46m。

表孔泄流：$C=1$，σ_s 取 0.95，ε 取 0.95，当 $H_w=(178.2+176.46)/2-171.42=6.09$（m），

$\dfrac{H_w}{H_d}=6.09/9.46=0.64$ 时，查得 $m=0.47$，则

$Q_1 = Cm\varepsilon\sigma_s B \sqrt{2g}H_w^{3/2} = 0.95\times0.95\times0.47\times24\times\sqrt{2\times9.81}\times6.09^{1.5}=677.69$（m³/s）

μ 取 0.9，$A=4\times4=16$（m²），$H_w=(178.2+176.46)/2-157=20.33$（m），则

$$q_1 = \mu A \sqrt{2gH_w} = 0.9 \times 16 \times \sqrt{2 \times 9.81 \times 20.33} = 287.59(\text{m}^3/\text{s})$$

查水位-库容曲线图可得 $\Delta v = 14.13 - 12.65 = 1.48(亿 \text{m}^3)$，则

$$t_1 = \frac{\Delta v}{Q_1 + q_1} = \frac{1.48 \times 10^8}{677.69 + 287.59} = 153323(\text{s})$$

其他六段泄水计算同上。

$$t = t_1 + t_2 + \cdots + t_7 = 2525511\text{s} = 701.5\text{h} = 29.2 \text{ 天} < 35 \text{ 天}$$

满足放空时间要求，故假设孔口尺寸是正确的。

4. 无压泄水孔的设计

无压泄水孔由有压段和无压段组成，有压段包括进口段、门槽段和压坡段三个部分。进口段采用三面收缩的断面形式，顶面曲线为椭圆曲线接一段直线，侧面为椭圆曲线，底面曲线为直线。

（1）进口段体型设计。图 7-6 进口段的顶部曲线可分为 AB、BC 两段，分述如下：

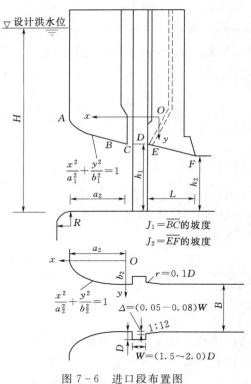

图 7-6 进口段布置图

1）AB 段：进口曲线采用三向收缩的椭圆曲线，椭圆的长半轴可取为进口段的孔高，短半轴可取为长半轴的 1/3，即 AB 段曲线（图 7-6）的方程式可表示为

$$\frac{x^2}{(kh_1)^2} + \frac{y^2}{(kh_1/3)^2} = 1 \qquad (7-3)$$

式中　x、y——曲线的坐标轴；

　　　　h_1——进口段末端的孔高，m；

　　　　k——系数，通常取 $k = 1$，但为了使椭圆长、短半轴为整数，有时也可取 k 值稍大于 1.0。

取 $k = 1$，$h_1 = 4$，则 AB 段顶曲线的方程为

$$\frac{x}{16} + \frac{9y^2}{16} = 1$$

2）BC 段：为 AB 段的 1/4 椭圆，在 B 点的切线，切点 B 的位置可由式（7-4）求得：

$$\frac{x}{3\sqrt{(kh_1)^2 - x^2}} = J_1 \qquad (7-4)$$

$$\frac{x^2}{(kh_1)^2} + \frac{y^2}{(kh_1/3)^2} = 1$$

式中　J_1——切线 BC 的坡度，一般取 $1:4.5 \sim 1:6.5$。

此处 J_1 取 $1:5$，则解方程组

$$\begin{cases} \dfrac{x}{3\sqrt{4^2 - x^2}} = 0.2 \\[2mm] \dfrac{x^2}{4^2} + \dfrac{y^2}{(4/3)^2} = 1 \end{cases}$$

得 $x = 2.1$，$y = 1.13$。

3）侧面曲线：侧面曲线可采用 1/4 椭圆，曲线方程可取为

$$\frac{x^2}{a_2^2}+\frac{y^2}{b_2^2}=1 \tag{7-5}$$

式中，b_2 可取 $(0.22\sim0.27)B$，$a_2=3b_2$；B 为泄水孔的正常宽度。

此处 b_2 取 1，$a_2=3b_2=3$，则侧面曲线方程为

$$\frac{x^2}{9}+\frac{y^2}{1}=1$$

4）底部形式：可根据实际情况布置为直线。

（2）明渠段。

1）抛物线段确定。为使水流平顺无压，在工作闸门后的明渠流段的底面应与孔口出流水舌的底缘一致，通常按抛物线形设计。抛物线方程一般可采用

$$y=\frac{g}{2(kv)^2\cos^2\theta}x^2+x\tan\theta \tag{7-6}$$

式中　θ——抛物线起点（坐标 x、y 的原点）处切线与水平方向的夹角，当起始段呈水平时，则 $\theta=0°$；

　　　　v——起点断面平均流速，m/s；

　　　　g——重力加速度，m/s^2；

　　　　k——为防止负压产生而采用的安全系数，其值可在 1.2～1.6 范围内选用。此处 $\theta=0°$，k 取 1.2，则抛物线方程为

$$y=\frac{g}{2\times(1.2v)^2}x^2$$

由式（7-2），$H_w=178.2-157=21.2(\text{m})$，则

$$Q=\mu A\sqrt{2gH_w}=0.9\times16\times\sqrt{2\times9.81\times21.2}=293.68(\text{m}^3/\text{s})$$

单宽流量 $q=Q/B=296.68/4=73.42[\text{m}^3/(\text{s}\cdot\text{m})]$，表孔下泄流量为

$$Q_1=Cm\varepsilon\sigma_s B\sqrt{2g}H_w^{3/2}=0.95\times0.95\times0.47\times24\times\sqrt{2\times9.81}\times(178.2-155)^{1.5}$$
$$=851.07(\text{m}^3/\text{s})$$

$$Q=Q_1+Q_2=851.07+293.68=1144.75(\text{m}^3/\text{s})$$

查水位流量表得下游水位为 145.1m，$Z=178.2-145.1=33.1(\text{m})$，$S=178.2-155=23.2(\text{m})$。

$$k=\frac{q}{\sqrt{g}Z^{1.5}}=\frac{73.42}{\sqrt{9.81\times33.1^{1.5}}}=0.123$$

$$\varphi=\sqrt[3]{1-\frac{0.055}{k^{0.5}}}=\sqrt[3]{1-\frac{0.055}{0.123^{0.5}}}=0.94$$

$$v=\varphi\sqrt{2gS_1}=0.94\times\sqrt{2\times9.81\times23.2}=20.05(\text{m/s})$$

$$h=\frac{Q}{Bv}=\frac{293.68}{4\times20.05}=3.66(\text{m})$$

抛物线方程为

$$y=\frac{g}{2\times(1.2v)^2}x^2=\frac{x^2}{118}$$

2）反弧段确定。

$$\nabla_{鼻}=145.1+1=146.1(m)$$

初拟反弧段半径为10m，反弧段最低点高程为

$$\nabla_{底}=\nabla_{坎顶}+R\cos26°-R=146.1+10\cos26°-10=144.1(m)$$

$$S=178.2-144.1=34.1(m)$$

$$k=\frac{q}{\sqrt{g}Z^{1.5}}=\frac{73.42}{\sqrt{9.81}\times33.1^{1.5}}=0.123$$

$$\varphi=\sqrt[3]{1-\frac{0.055}{k^{0.5}}}=\sqrt[3]{1-\frac{0.055}{0.123^{0.5}}}=0.094$$

$$v=\varphi\sqrt{2gS_1}=0.94\times\sqrt{2\times9.81\times34.1}=26.75(m/s)$$

$$h=\frac{Q}{Bv}=\frac{293.68}{4\times26.75}=2.5(m)$$

根据SL 319—2005《混凝土重力坝设计规范》的要求，R应取$(4\sim10)h$，$10/2.5=4$，故满足要求，可确定反弧段半径为10m。

圆心高程 $\qquad\nabla_0=\nabla_{坎顶}+R\cos26°=146.1+10\cos26°=154.1(m)$

$$y_0=155-154.1=0.9$$

抛物线与反弧段的切点为D，解下列方程组：

$$\begin{cases} y'=\left(\dfrac{x^2}{118}\right)'=\dfrac{x}{59} \\ \dfrac{x^2}{118}=R\cos\theta+0.9 \end{cases}$$

用试算法可解得$\theta=30°$，$x=34$，$y=9.8$，得切点坐标为$D(34,9.8)$。

（3）通气孔的计算。

检修闸门后的通气孔和平压管的设计与有压泄水孔完全相同。但除此之外，还要在工作闸门后设通气孔。明流段的高速水流和水面掺气将会把余幅中的空气逐渐带走，造成孔内压力降低，影响正常泄流，所以需要向明流段不断补气。工作闸门后的通气孔面积一般

不小于闸门孔口面积的10％。SL 74—2013《水利水电工程钢闸门设计规范》建议用以下公式计算：

$$A_a=0.09A\frac{V_w}{V_a} \qquad\qquad (7-7)$$

式中 A_a、A——通气孔和明流段的断面积；

$\quad V_a$、V_w——通气孔的允许风速和闸孔处的水流流速，一般V_a为$30\sim40$m/s，此处取35m/s。

$$A_a=0.09A\frac{V_w}{V_a}=0.09\times4\times4\times\frac{20.05}{35}=0.72(m^2)$$

由此可确定通气孔的断面积为$0.72m^2$，可采用半径为50cm的圆管。

5．闸门

工作闸门采用弧形闸门，检修闸门采用平面闸门，弧形闸门高为3.2m，宽为4m。弧形闸门的弧面半径通常选用$R=(1.1\sim1.5)H=(3.52\sim4.8)$，潜孔闸门的半径可更大一

些，此处选 6m。水闸的弧形闸门的支承铰可布置在 2/3～1 倍门高附近；潜孔闸门应更高些，此处取距底面 3.5m 处，采用液压启闭机启闭，平面闸门的高为 4m，宽 4m。启闭机布置在排水廊道内。

6. 小结

本章主要对放空建筑物进行了布置，选用无压深式泄水孔，拟定孔口尺寸高 4m，宽 4m，并进行了泄流能力演算，最后是对无压泄水孔进行了进口段设计、明渠段设计和闸门设计。

自 测 题

一、填空题

1. 重力坝的泄水孔按其作用分为（　　　　　）、（　　　　　）、（　　　　　）、（　　　　　）、灌溉孔和放水孔。按水流的流态可分为（　　　　　）、（　　　　　）。

2. 有压泄水孔的工作闸门布置在（　　　　　）处，检修闸门布置在（　　　　　）。无压泄水孔的工作闸门布置在（　　　　　）处，检修闸门布置在（　　　　　）。

3. 为提高泄水孔的内水压力，常将其出口断面面积（　　　　　）。深式泄水孔按其流态分为（　　　　　）和（　　　　　）两种泄水孔。发电孔是有压泄水孔，它的工作闸门设在（　　　　　）口。

二、选择题

1. 以下泄水孔必须为有压泄水孔的是（　　　）。

A. 冲沙孔　　　B. 灌溉孔　　　C. 导流孔　　　D. 发电孔

2. 有压泄水孔的断面形状一般为（　　　）。

A. 矩形　　　B. 圆形　　　C. 城门洞　　　D. 马蹄形

3. 检修闸门一般布置在（　　　）。

A. 进口处　　　B. 出口处　　　C. 孔身段　　　D. 泄水孔的任一断面均可

三、简答题

1. 有压泄水孔和无压泄水孔的闸门如何布置？

2. 重力坝的深式泄水孔按其作用分为哪些泄水孔？它们都有什么作用？

工作名称	任务八　重力坝细部构造设计		建议学时	4 学时
班级		学员姓名	工作日期	

实训内容与目标	（1）大坝混凝土材料分区； （2）坝顶布置设计； （3）其他细部构造的设计
实训步骤	（1）非溢流坝和溢流坝的坝顶构造设计； （2）分缝与止水设计； （3）廊道系统设计； （4）坝体防渗与排水设计
提交成果	（1）细部构造设计书； （2）细部构造图
考核方式	（1）知识考核采用笔试、提问； （2）技能考核依据设计报告和设计图进行提问、现场答辩、项目答辩、项目技能过关考试

工作评价	小组互评	同学签名：＿＿＿＿＿＿　年　月　日
	组内互评	同学签名：＿＿＿＿＿＿　年　月　日
	教师评价	教师签名：＿＿＿＿＿＿　年　月　日

任务八 重力坝细部构造设计

一、混凝土重力坝的材料

（一）水工混凝土的特性指标

建造重力坝的混凝土，除应有足够的强度承受荷载外，还要有一定的抗渗性、抗冻性、抗侵蚀性、抗冲耐磨性以及低热性等。

1. 强度

混凝土按标准立方体试块抗压极限强度分为 12 个强度等级，用符号 C 表示。重力坝常用的有 C7.5、C10、C15、C20、C25 和 C30 6 个级别。混凝土的强度随龄期而增加，坝体混凝土抗压强度一般采用 90 天龄期强度，保证率为 80%。抗拉强度采用 28 天龄期强度，一般不采用后期强度。

2. 混凝土的耐久性

混凝土的耐久性包括抗渗、抗冻、抗冲耐磨、抗侵蚀等。

（1）抗渗性是指混凝土抵抗水压力渗透作用的能力。抗渗性可用抗渗等级表示，抗渗等级是用 28 天龄期的标准试件测定的，分为 W2、W4、W6、W8、W10 和 W12 六级。重力坝所采用的抗渗等级应根据所在的部位及承受的渗透水力坡降进行选用。

（2）抗冻性是表示混凝土在饱和状态下能经受多次冻融循环而不破坏，同时也不严重降低强度的性能。混凝土抗冻性用抗冻等级表示。抗冻等级是用 28 天龄期的试件采用快冻试验测定的，分为 F50、F100、F150、F200 和 F300 5 级。采用时，应根据建筑物所在地区的气候分区、年冻融循环次数、表面局部小气候条件、结构构件重要性和检修的难易程度等因素确定混凝土的抗冻等级。

（3）抗冲耐磨性是指混凝土抗高速水流或挟沙水流的冲刷、磨损的性能。目前对于抗磨性尚未订出明确的技术标准。根据经验，使用高等级硅酸盐水泥或硅酸盐大坝水泥拌制成的高等级混凝土，其抗磨性较强，且要求骨料坚硬、振捣密实。

（4）抗侵蚀性是指混凝土抵抗环境侵蚀的性能。当环境水有侵蚀时，应选择抗侵蚀性能较好的水泥，水位变化区及水下混凝土的水灰比，可比常态混凝土的水灰比减少 0.05。

为了降低水泥用量并提高混凝土的性能，在坝体混凝土内可适量掺加粉煤灰掺和料及引气剂、塑化剂等外加剂。

（二）坝体混凝土分区

混凝土重力坝坝体各部位的工作条件及受力条件不同，对上述混凝土材料性能指标的要求也不同。为了满足坝体各部位的不同要求，节省水泥用量及工程费用，把安全与经济统一起来，通常将坝体混凝土按不同工作条件分为 6 个区，如图 8-1 所示。

各区对混凝土性能的要求见表 8-1。

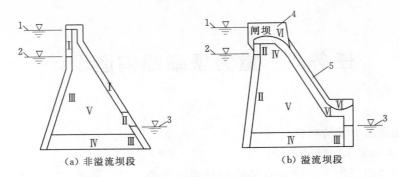

（a）非溢流坝段　　　　　　（b）溢流坝段

图 8-1　坝体混凝土分区示意图

1—上游最高水位；2—上游最低水位；3—下游最低水位；4—闸墩；5—导墙

Ⅰ区—上、下游水位以上坝体表层混凝土，其特点是受大气影响；Ⅱ区—上、下游水位变化区坝体表层混凝土，既受水的作用也受大气影响；Ⅲ区—上、下游最低水位以下坝体表层混凝土；Ⅳ区—坝体基础混凝土；Ⅴ区—坝体内部混凝土；Ⅵ区—抗冲刷部位的混凝土（如溢流面、泄水孔、导墙和闸墩等）

表 8-1　　　　　　　　　　　各区对混凝土性能的要求

分区	强度	抗渗	抗冻	抗磨	抗侵蚀	低热	最大水灰比		选择各区厚度的主要指标
							严寒区、寒冷区	温和地区	
Ⅰ	+	−	++	−	−	+	0.60	0.65	施工和冰冻深度
Ⅱ	+	+	++	−	+	+	0.50	0.55	冰冻、抗渗、施工
Ⅲ	++	++	+	−	+	+	0.55	0.60	抗裂、抗渗、施工
Ⅳ	++	−	+	−	−	++	0.55	0.60	抗裂
Ⅴ	++	+	+	−	−	++	0.70	0.70	
Ⅵ	++	−	++	++	++	+	0.50	0.50	抗冲、耐磨

注　"++"表示选择各区混凝土等级的主要控制因素；"+"表示需要提出要求；"−"表示不需要提出要求。

为便于施工，选定各区混凝土强度等级时，强度等级的类别应尽量少，相邻区的强度等级相差应不超过两级，以免由于性能差别太大而引起应力集中或产生裂缝。分区厚度尺寸最小 2～3m，以便浇筑施工。

二、混凝土重力坝的构造

重力坝的构造设计包括坝顶构造、坝体分缝、止水、排水、廊道布置等内容。这些构造的合理选型和布置，可以改善重力坝工作性能，满足运用和施工上的要求，保证大坝正常工作。

（一）坝顶构造

溢流坝的坝顶构造已在任务二中讲述。非溢流坝坝顶上游侧一般设有防浪墙，防浪墙宜采用与坝体连成整体的钢筋混凝土结构，高度一般为 1.2m，防浪墙在坝体横缝处应留伸缩缝并设止水。坝顶路面一般为实体结构 [图 8-2（a）]，并布置排水系统和照明设备。也可采用拱形结构支承坝顶路面 [图 8-2（b）]，以减轻坝顶重量，有利于抗震。

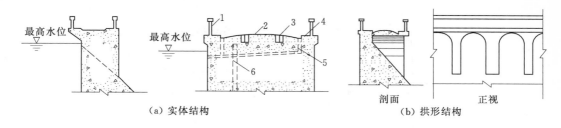

图 8-2　非溢流坝坝顶构造

1—防浪墙；2—公路；3—起重机轨道；4—人行道；5—坝顶排水管；6—坝体排水管

（二）坝体分缝与止水

为适应地基不均匀沉降和温度变化，以及施工期混凝土的浇筑能力和温度控制等要求，常需设置垂直于坝轴线的横缝、平行于坝轴线的纵缝以及水平施工缝。横缝一般是永久缝，纵缝和水平施工缝则属于临时缝。重力坝分缝如图 8-3 所示。

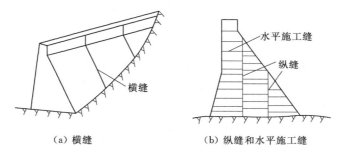

（a）横缝　　　　　　　（b）纵缝和水平施工缝

图 8-3　坝体分缝示意图

1. 横缝及止水

永久性横缝将坝体沿坝轴线分成若干坝段，其缝面常为平面，各坝段独立工作。横缝可兼作伸缩缝和沉降缝，间距（坝段长度）一般为 15～20m，当坝内设有泄水孔或电站引水管道时，还应考虑泄水孔和电站机组间距；对于溢流坝段还要结合溢流孔口尺寸进行布置。

横缝内需设止水设备，止水材料有金属片、橡胶、塑料及沥青等。高坝的横缝止水应采用两道金属止水铜片和一道防渗沥青井，如图 8-4 所示。对于中、低坝的止水可适当简化，中坝第二道止水片，可采用橡胶或塑料片等，低坝经论证也可仅设一道止水片。金属止水片的厚度一般为 1.0～1.6mm，加工成"}"形，以便更好地适应伸缩变形。第一道止水片距上游坝面为 0.5～2.0m，以后各道止水设备之间的距离为 0.5～1.0m；止水每侧埋入混凝土的长度为 20～25cm。沥青井为方形或圆形，边长或内径为 15～25cm，为便于施工，后浇坝段一侧可用预制混凝土块构成，井内灌注石油沥青和设置加热设备。

止水片及沥青井需伸入基岩 30～50cm，止水片必须延伸到最高水位以上，沥青井需延伸到坝顶。溢流孔口段的横缝止水应沿溢流面至坝体下游尾水位以下，穿越横缝的廊道和孔洞周边均需设止水片。

当遇到下述情况时，可将横缝做成临时性横缝：①河谷狭窄时做成整体式重力坝，可

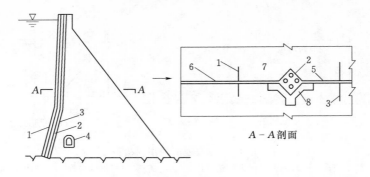

图 8-4　横缝止水构造图

1—第一道止水铜片；2—沥青井；3—第二道止水片；4—廊道止水；5—横缝；

6—沥青油毡；7—加热电极；8—预制块

适当发挥两岸的支撑作用，有利于坝体的强度和稳定；②岸坡较陡，将各坝段连成整体，以改善岸坡坝段的稳定性；③坐落在软弱破碎带上的各坝段，连成整体可增加坝体刚度；④在强地震区，各坝段连成整体可提高坝段的抗震性能。

2. 纵缝

为适应混凝土的浇筑能力和减少施工期的温度应力，常在平行坝轴线方向设纵缝，将一个坝段分成几个坝块，待坝体降到稳定温度后再进行接缝灌浆。常用的纵缝形式有竖直纵缝、斜缝和错缝等，如图 8-5 所示。纵缝间距一般为 15~30m。为了在接缝之间传递剪力和压力，缝内还必须设置足够数量的三角形键槽（图 8-6）。斜缝适用于中、低坝，可不灌浆。错缝也不做灌浆处理，施工简便，可在低坝上使用。

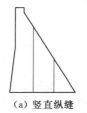
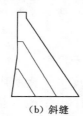

(a) 竖直纵缝　　　　(b) 斜缝　　　　(c) 错缝

图 8-5　重力坝纵缝布置图

3. 水平工作缝

水平工作缝是分层施工的新老混凝土之间的接缝，是临时性的。为了使工作缝结合好，在新混凝土浇筑前，必须清除施工缝面的浮渣、灰尘和水泥乳膜，用风水枪或压力水冲洗，使表面成为干净的麻面，再均匀铺一层 2~3cm 的水泥砂浆，然后浇筑。国内外普遍采用薄层浇筑，浇筑块厚 1.5~3.0m。在基岩表面须用 0.75~1.0m 的薄层浇筑，以便通过表面散热，降低混凝土温升，防止开裂。

（三）坝体排水

为了减少坝体渗透压力，靠近上游坝面应设排水管幕，将渗入坝体的水由排水管排入廊道，再由廊道汇集于集水井，由抽水机排到下游。排水管距上游坝面的距离，一般要求最小为坝前水头的 1/15~1/25，且不小于 2m，以使渗透坡降在允许范围以内。排水管的间距为 2～3m，上、下层廊道之间的排水管应布置成垂直的或接近于垂直方向，不宜有弯头，以便检修。

排水管可采用预制无砂混凝土管、多孔混凝土管，内径为 15～25cm，如图 8-7 所示。排水管施工时用水泥浆砌筑，随着坝体混凝土的浇筑而加高。在浇筑坝体混凝土时，须保护好排水管，以防止水泥浆漏入而造成堵塞。

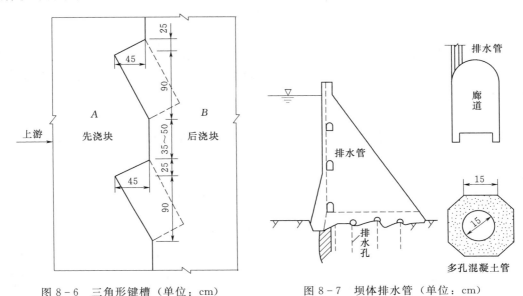

图 8-6 三角形键槽（单位：cm）   图 8-7 坝体排水管（单位：cm）

（四）廊道系统

为满足施工运用要求，如灌浆、排水、观测、检查和交通的需要，须在坝体内设置各种廊道。这些廊道互相连通，构成廊道系统，如图 8-8 所示。

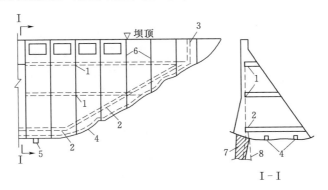

图 8-8 廊道和竖井系统布置图

1—检查廊道；2—基础灌浆廊道；3—竖井；4—排水廊道；
5—集水井；6—横缝；7—灌浆帷幕；8—排水孔幕

1. 基础灌浆廊道

帷幕灌浆须在坝体浇筑到一定高程后进行，以便利用混凝土压重提高灌浆压力，保证灌浆质量。为此，须在坝踵部位沿纵向设置灌浆廊道，以便降低渗透压力。基础灌浆廊道的断面尺寸，应根据钻灌机具尺寸及工作要求确定，一般宽度可取 2.5～3m，高度可为 3.0～3.5m。断面形式采用城门洞形。灌浆廊道距上游面的距离可取 0.05～0.1 倍水头，且不小于 4～5m。廊道底面距基岩面的距离不小于 1.5 倍廊道宽度，以防廊道底板被灌浆压力掀动开裂。廊道底面上、下游侧设排水沟，下游排水沟设坝基排水孔及扬压力观测孔。灌浆廊道沿地形向两岸逐渐升高，坡度不宜大于 40°～45°，以便进行钻孔、灌浆操作和搬运灌浆设备。对坡度较陡的长廊，应分段设置安全平台及扶手。

2. 检查和坝体排水廊道

为检查巡视和排除渗水，常在靠近坝体上游面沿高度方向每隔 15～30m 设置检查排水廊道。断面形式多采用城门洞形，最小宽度为 1.2m，最小高度为 2.2m，距上游面距离应不小于 0.05～0.07 倍水头，且不小于 3m。寒冷地区应适当加厚。

【案例分析】 细 部 构 造

1. 坝顶构造

坝顶构造包括非溢流坝段坝顶构造和溢流坝段坝顶构造两部分。

（1）非溢流坝段坝顶构造。在坝体横缝处设伸缩缝，并设止水。在上下游侧设置护栏，下游侧设置灯柱，以保护行人和行车的安全。坝顶路面采用混凝土路面，坝顶路面应有一定的横向坡度，坡度为 5%，两边设置相应的排水设施，以便排除路面雨水。路面排水应与坝体排水连通，通过排水管排向上游水库。坝顶公路右侧设有宽 0.75m 的人行道，并高出坝顶路面 30cm。坝顶总宽度为 5m，如图 8-9 所示。

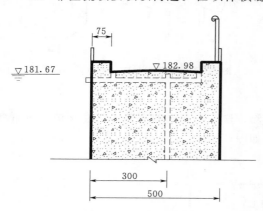

图 8-9 非溢流坝的坝顶构造图
（高程单位 m，尺寸单位 cm）

（2）溢流坝段坝顶构造。根据运行要求布置，坝顶设有交通桥（工作桥）、工作闸门、检修闸门、闸墩、门机等结构和设备。

1）工作闸门：工作闸门布置在堰顶稍偏向下游一些（1.5m 处）以防闸门部分开启时水舌脱离坝面而形成负压。工作闸门采用弧形闸门，门的尺寸为：宽×高＝8m×7.2m，半径为 10.5m。工作闸门采用液压启闭机启闭。

2）检修闸门：检修闸门布置在工作闸门的上游侧，距工作闸门的水平距离为 1.5m，以便检修。其尺寸为：宽×高＝8m×7.2m。9 孔共用一个检修闸门。检修闸门采用平面闸门，采用门式启闭机启闭。

3）闸墩：闸墩的上游侧采用半圆形，其半径为 1.5m，下游侧采用半圆形，其半径为 1.5m，墩高与非溢流坝段坝顶以下 1m 齐平即 181.98m；中墩厚度为 3m，边墩为 1.5m，长度为 18.09m。检修闸门的门槽尺寸为：宽×深＝0.8m×0.5m。工作闸门不设门槽。

4）工作桥（交通桥）：工作桥采用梁板结构，桥面宽 5m。

2. 分缝与止水

分缝的目的：为防止坝体因温度变化和地基不均匀沉降而产生裂缝，满足混凝土的浇注能力和温度控制的需要，将坝体分缝。

（1）横缝。垂直于坝轴线布置，将坝体分为若干个坝段。间距为 15～20m，一般取 15m，缝宽取 2cm，内设止水。本设计中横缝间距主要为 15m，在溢流坝段，为使横缝位于溢流孔之间，以免设缝墩，故有适当调整。

（2）纵缝。采用铅直纵缝，缝的间距为 15～30m，此处为 15m。灌浆时为不使浆液从缝内流出，必须在缝的四周设置止浆片。止浆片采用塑料，厚度为 1.5cm，宽 24cm。

（3）止水。设有一道止水片和一道防渗沥青井。止水片采用 1.0mm 厚的紫铜片，止水片距上游坝面 1.0m。止水片后设有直径为 20cm 的沥青井，止水片的下部深入基岩 30cm，并与混凝土紧密嵌固，上部伸到坝顶。

3. 廊道系统

坝高 41.18m，为中坝。坝内设一层坝基础灌浆廊道，距上游铅直坝 3m。廊道用混凝土预制件拼装而成。廊道断面为城门洞形，底宽 2.5m，高 3.0m，底面距坝基面为 5m，满足要求。在距坝基面 25m 高处布置一层排水廊道，廊道距上游面距离为 3m，底宽 1.6m，高为 2.4m，断面形式为城门洞形，如图 8-10 所示。

4. 坝体防渗与排水

坝体排水：为减小坝体的渗透压力，在靠近坝的上游防渗层后面，沿坝轴线方向布置一排竖向排水管。参照 SL 319—2005《混凝土重力坝设计规范》，坝体排水的设计如下：排水管中心线距上游坝面 2.50m，管径 20cm，采用预制多孔混凝土管。

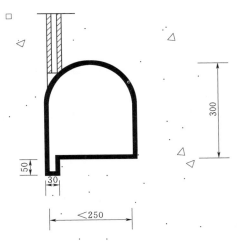

图 8-10　排水管与廊道的
直通式连接（单位：cm）

自　测　题

一、选择题

1. 重力坝坝体排水设施有（　　　）。

　A. 贴坡排水　　　　B. 棱体排水　　　　C. 管式排水　　　　D. 排水管幕

2. 下面哪一个不是重力坝的坝内廊道的用途？（　　　）

　A. 灌浆　　　　　　B. 排水　　　　　　C. 运输　　　　　　D. 观测

3. 下列哪一项不属于固结灌浆的目的？（　　　）

　A. 防止坝基内产生机械或化学管涌　　　　B. 有利于基岩的整体性

　C. 提高基岩的强度　　　　　　　　　　　D. 降低地基的透水性

4. 重力坝横向贯穿性裂缝会导致（　　　）。

A. 漏水和渗透侵蚀性破坏　　　　　B. 坝的整体性下降

C. 大坝的抗剪强度下降　　　　　　D. 局部应力集中

5. 下列不是混凝土检查和养护情况的是（　　　　）。

A. 运用前的检查和养护　　　　　　B. 运用中检查和养护

C. 运用后检查和养护　　　　　　　D. 特殊情况下的检查和养护

二、填空题

1. 重力坝坝体排水措施是：靠近上游坝面设置（　　　　　　　　），其上下端与坝顶和廊道直通。

2. 坝体分缝的目的是（　　　　　　　　　　　　），满足施工的要求。常见的缝有：（　　　　　）、（　　　　　）和施工缝。

3. 重力坝内的廊道的作用是（　　　　　　　　）、（　　　　　　　　）和观测、交通。廊道常分为（　　　　　　）和（　　　　　　）。

4. 按裂缝产生的原因可分为（　　　　　）（　　　　　）（　　　　　）、应力缝、施工缝。

5. 混凝土坝的渗漏处理的原则是（　　　　　　）。

三、问答题

1. 重力坝为什么要进行分缝？常见的缝有哪些？

2. 坝内廊道有哪些？各有什么作用？

工 作 任 务 书

工作名称	任务九　重力坝的地基处理		建议学时	4 学时
班级		学员姓名	工作日期	

实训内容 与目标	（1）重力坝地基处理的要求； （2）地基开挖清理、固结灌浆、防渗帷幕灌浆布置与设计
实训步骤	（1）地基开挖与清理； （2）地基的固结灌浆设计； （3）坝基的帷幕灌浆设计； （4）坝基排水设计
提交成果	根据地基条件初步拟定地基处理方案
考核方式	（1）知识考核采用笔试、提问； （2）技能考核依据设计报告和设计图进行提问、现场答辩、项目答辩、项目技能过关考试

工作评价	小组 互评	同学签名：_____　　　年　月　日
	组内 互评	同学签名：_____　　　年　月　日
	教师 评价	教师签名：_____　　　年　月　日

任务九 重力坝的地基处理

重力坝承受较大的荷载，对地基的要求较高，它对地基的要求介于拱坝和土石坝之间。除少数较低的重力坝可建在土基上之外，一般须建在岩基上。然而天然基岩经受长期地质构造运动及外界因素的作用，多少存在着风化、节理、裂隙、破碎等缺陷，在不同程度上破坏了基岩的整体性和均匀性，降低了基岩的强度和抗渗性。因此必须对地基进行适当的处理，以满足重力坝对地基的要求。这些要求包括：①具有足够的强度，以承受坝体的压力；②具有足够的整体性、均匀性，以满足坝基抗滑稳定和减少不均匀沉陷；③具有足够的抗渗性，以满足渗透稳定，控制渗流量；④具有足够的耐久性，以防止岩体性质在水的长期作用下发生恶化。

重力坝的地基处理一般包括坝基开挖清理，对基岩进行固结灌浆和防渗帷幕灌浆，设置基础排水系统，对特殊软弱带如断层、破碎带进行专门的处理等。

一、地基的开挖与清理

坝基开挖与清理的目的是使坝体坐落在稳定、坚固的地基上。开挖深度应根据坝基应力、岩石强度及完整性，结合上部结构对地基的要求和地基加固处理的效果、工期和费用等研究确定。我国现行重力坝设计规范要求，凡100m以上的高坝须建在新鲜、微风化或弱风化下部的基岩上；50～100m的坝可建在微风化至弱风化中部基岩上；坝高小于50m时，可建在弱风化层中部或上部基岩上。同一工程中，两岸较高部位的坝段，其利用基岩的标准可比河床部位适当放宽。

坝基开挖的边坡必须保持稳定；在顺河方向，各坝段基础面上、下游高差不宜过大，为有利于坝体的抗滑稳定，可开挖成略向上游倾斜；两岸岸坡应开挖成台阶形，以利于坝块的侧向稳定；基坑开挖轮廓应尽量平顺，避免有高低悬殊的突变，以免应力集中造成坝体裂缝；当地基中存在局部工程地质缺陷时，也应予以挖除。

为保持基岩完整性，避免开挖爆破振裂，基岩应分层开挖。当开挖到距设计高程0.5～1.0m的岩层时，宜用手风钻造孔，小药量爆破。如岩石较软弱，也可人工用风镐清除。基岩开挖后，在浇筑混凝土前，需进行彻底的清理和冲洗；对易风化、泥化的岩体，应采取保护措施，及时覆盖开挖面。

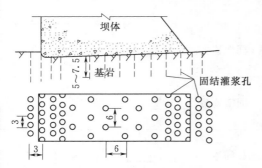

图 9-1 固结灌浆孔的布置（单位：m）

二、坝基的固结灌浆

在重力坝工程中采用浅孔低压灌注水泥浆的方法对地基进行加固处理，称为固结灌浆（图 9-1）。固结灌浆的目的是提高基岩的整体性和强度，降低地基的透水性。现场试验表明，在节理裂隙较发育的基岩内进行固结灌浆后，基岩的弹性模量可提高 2 倍甚至更多，在帷幕灌浆范围内先进行固结灌浆可提高帷幕灌浆的压力。

固结灌浆孔一般布置在应力较大的坝踵和坝趾附近，以及节理裂隙发育和破碎带范围内。灌浆孔呈梅花形布置，孔距、排距和孔深根据坝高、基岩的构造情况确定，一般孔距 3～4m，孔深 5～8m。帷幕上游区的孔深一般为 8～15m，钻孔方向垂直于基岩面。当无混凝土盖重灌浆时，压力一般为 0.2～0.4MPa，有盖重时为 0.4～0.7MPa，以不掀动基础岩体为原则。

三、帷幕灌浆

帷幕灌浆的目的是降低坝底的渗透压力，防止坝基内产生机械或化学管涌，减少坝基和绕渗渗透流量。帷幕灌浆是在靠近上游坝基布设一排或几排深钻孔，利用高压灌浆充填基岩内的裂隙和孔隙等渗水通道，在基岩中形成一道相对密实的阻水帷幕（图 9-2）。帷幕灌浆材料目前最常用的是水泥浆，水泥浆具有结石体强度高，经济和施工方便等优点。在水泥浆灌注困难的地方，可考虑采用化学灌浆。化学灌浆具有很好的灌注性能，能够灌入细小的裂隙，抗渗性好，但价格昂贵，又易造成环境污染，使用时需慎重。

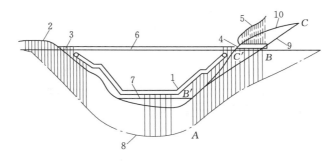

图 9-2　防渗帷幕沿坝轴线的布置图（图中字母表示交点及灌浆层）
1—灌浆廊道；2—山坡钻进；3—坝顶钻进；4—灌浆平洞；5—排水孔；6—最高库水位；
7—原河水位；8—防渗帷幕底线；9—原地下水位线；10—蓄水后地下水位线

防渗帷幕的深度应根据基岩的透水性、坝体承受的水头和降低坝底渗透压力的要求确定。当坝基下存在可靠的相对隔水层时，帷幕应伸入相对隔水层内 3～5m。不同坝高所要求的相对隔水层的透水率 q（1m 长钻孔在 1MPa 压水压力作用下，1min 内的透水量）应采取下列不同标准：坝高在 100m 以上，$q=1～3Lu$；坝高在 50～100m，$q=3～5Lu$；坝高在 50m 以下，$q=5Lu$。如相对隔水层埋藏很深，帷幕深度可根据降低渗透压力和防止渗透变形的要求确定，一般可在 0.3～0.7 倍水头范围内选取。

防渗帷幕的排数、排距及孔距，应根据坝高、作用水头、工程地质、水文地质条件确定。在一般情况下，高坝可设两排，中坝设一排。当帷幕由两排灌浆孔组成时，可将其中的一排钻至设计深度，另一排可取其深度的 1/2 左右。帷幕灌浆孔距为 1.5～3.0m，排距宜比孔距略小。

帷幕灌浆需要从河床向两岸延伸一定的范围，形成一道从左到右的防渗帷幕。当相对不透水层距地面较近时，帷幕可伸入岸坡与相对不透水层相衔接。当两岸相对不透水层很深时，帷幕可以伸到原地下水位线与最高库水位相交点 B 附近，如图 9-2 所示。在最高库水位以上的岸坡可设置排水孔以降低地下水位，增加岸坡的稳定性。

帷幕灌浆必须在浇筑一定厚度的坝体混凝土作为盖重后进行，灌浆压力由试验确定，通常在帷幕孔顶段取 1.0～1.5 倍的坝前静水压强，在孔底段取 2～3 倍的坝前静水压强，但应以不破坏岩体为原则。

四、坝基排水设施

为了进一步降低坝底扬压力，需在防渗帷幕后设置排水系统，如图 9-3 所示。坝基排水系统一般由排水孔幕和基面排水组成。主排水孔一般设在基础灌浆廊道的下游侧，孔距 2～3m，孔径 15～20cm，孔深常采用帷幕深度的 0.4～0.6 倍，方向则略倾向下游。除主排水孔外，还可设辅助排水孔 1～3 排，孔距一般为 3～5m，孔深为 6～12m。

如基岩裂隙发育，还可在基岩表面设置排水廊道或排水沟、管作为辅助排水。排水沟、管纵横相连形成排水网，增加排水效果和可靠性。并在坝基上布置集水井，渗水汇入集水井后，用水泵排向下游。

五、坝基软弱破碎带的处理

当坝基中存在断层破碎带或软弱结构面时，则需要进行专门的处理。处理方式应根据软弱带在坝基中的位置、走向、倾角的陡缓以及对强度和防渗的影响程度而定。

对于走向与水流方向大致垂直、倾角较大的断层破碎带，常采用混凝土梁（塞）或混凝土拱进行加固，如图 9-4 所示。混凝土塞是将破碎带挖除至一定深度后回填混凝土，以提高地基局部的承载能力。当破碎带的宽度小于 3m 时，混凝土塞的深度可采用破碎带宽度的 1～2 倍，且不得小于 1m。若破碎带的走向与水流方向大致相同，与上游水库连通时，则须同时做好坝基加固和防渗处理，常用的方法有钻孔灌浆、混凝土防渗墙、防渗塞（图 9-5）等。

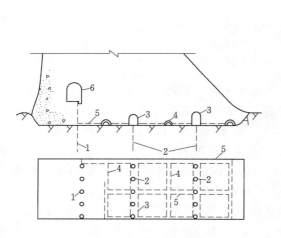

图 9-3 坝基排水设施布置图

1—主排水孔；2—辅助排水孔；3—坝基纵向排水廊道；
4—半圆形排水管；5—横向排水沟；6—灌浆廊道

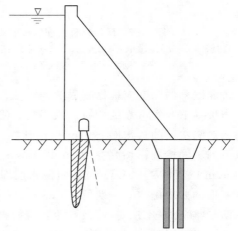

图 9-4 陡倾角断层处理

对于某些倾角较缓的断层破碎带，除应在顶部做混凝土塞外，还应沿破碎带开挖若干个斜井和平洞，用混凝土回填密实，形成斜塞和水平塞组成的刚性骨架（图 9-6），封闭破碎物，增加抗滑稳定性和提高承载能力。

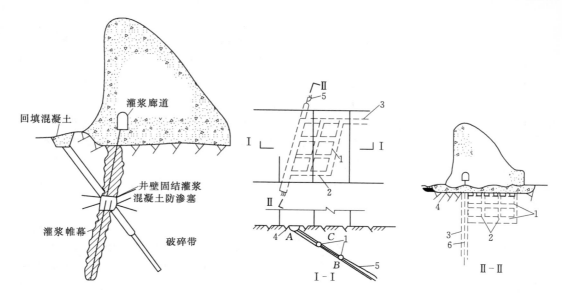

图 9-5　混凝土防渗塞

1—灌浆廊道；2—回填混凝土；3—灌浆
帷幕；4—破碎带；5—混凝土防渗塞；
6—井壁固结灌浆

图 9-6　缓倾角断层破碎带处理

1—平洞回填；2—斜井回填；3—阻水斜塞；
4—表面混凝土梁（塞）；5—破碎带；
6—帷幕灌浆孔

【案例分析】 地 基 处 理

1. 地基开挖与清理

坝基开挖清理的目的是将坝体坐落在稳定、坚固的地基上，坝基的开挖深度应根据坝基应力情况、岩石强度及其完整性，结合上部结构对基础的要求确定。这个设计中，坝高有 41.18m，坝基至少建在微风化或弱风化上部—中部岩基上，对两岸较高部位的坝段，其开挖岩基的标准可比河床部位适当放宽。地基开挖的形状顺水流方向宜开挖成略向上倾斜的锯齿状（坡度 1:8～1:10，长 4m；坡度 1:0.5～1:1，长 0.5m），在上游（或下游）坝基面开挖成浅齿墙（深 2.5～4m，底宽 2～3m），以增加坝体的抗滑稳定。平行于坝轴线方向应尽量开挖成足够宽度（一般为坝段长的 30%～50%）的分级平台，以利于坝的侧向稳定。坝体的横缝应位于平台上，相邻的台阶高差不宜太大，一般不大于 10m。

2. 基坑的清理

在浇注前必须清理碎渣、松动岩块，并用高压水枪冲洗干净，原有的钻孔、探井等也应回填。

3. 地基的固结灌浆

固结灌浆的目的是提高基岩的整体性和弹性模量，减少基岩受力后的变形，提高岩基的抗压、抗剪强度，减低坝基的渗透性，减少渗流量。在防渗帷幕灌浆的范围内固结灌浆压力以不掀动岩基为原则而取尽量较大值。

4. 坝基的帷幕灌浆

帷幕灌浆的目的是降低坝底的渗透压力，减少绕坝渗漏，防止坝基内产生渗透破坏，使帷幕后的坝基面渗透压力降至允许值以内。灌浆材料最常用的是水泥浆，有时也采用化学浆。化学灌浆可灌性好，抗渗性强，但较昂贵，且污染地下水质。因此采用水泥灌浆。

防渗帷幕布置于靠近上游面坝轴线附近，自河床向两岸延伸。由于是中坝，一般情况下可只设一排帷幕孔。钻孔的方向一般为铅直，必要时也可有一定的斜度，以便穿过主节理裂隙，但角度不宜太大，一般在 $10°$ 以下，以便施工。防渗帷幕的深度根据作用水头和基岩的工程地质、水文地质情况确定。当地基内的透水层厚度不大时，帷幕可穿过透水层深入相对隔水层 $3\sim5m$。本设计灌到相对隔水层以下 $4m$，帷幕深度为 $(0.3\sim0.7)H$，本设计取 $20m$，孔距为 $3.0m$。

5. 坝基排水

坝基排水的目的是为了进一步降低坝底面的扬压力，应在防渗帷幕后设置排水孔幕。排水孔幕与防渗帷幕下游面的距离在坝基面处不宜小于 $2m$。排水孔幕一般略向下游倾斜，与帷幕的夹角为 $10°\sim15°$。排水孔孔距为 $2\sim3m$，孔径为 $150\sim200mm$，不宜过小，以防堵塞。高、中坝的排水孔深不宜小于 $10m$。

本设计沿坝轴线方向设一排排水孔。排水孔与帷幕中心线的距离为 $2m$，与帷幕中心线成 $15°$ 交角，排水孔孔距取 $3m$，孔径为 $150mm$，孔深为 $10m$。排水孔幕在混凝土坝体内的部分要预埋钢管，待防渗帷幕灌浆后才能钻孔。渗水通过钢管进入排水沟，再汇入集水井，最终经横向排水管自流排向下游。

6. 坝体混凝土材料及分区

混凝土的强度等级为 C10 常态混凝土，由于水泥的品种不同，其在混凝土凝固和硬化过程中所产生的热量也不同。我国常用中热水泥（也称大坝水泥），如矿渣水泥，本工程采用矿渣水泥，在混凝土中加入掺合剂，可减少水泥用量，改善混凝土的抗渗性与和易性，降低工程造价。使用的掺合剂为带有一定活性的粉煤灰，掺合量为水泥的 $15\%\sim25\%$，取 25%。

重力坝应根据不同部位和不同条件分区，如图 9-7 所示。

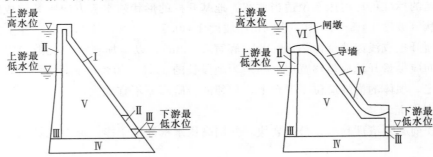

图 9-7　坝体混凝土分区图

Ⅰ区—上、下游水位以上坝体外部表面混凝土；Ⅱ区—上、下游水位变化区的坝体外部表面混凝土；
Ⅲ区—上、下游最低水位以下坝体外部表面混凝土；Ⅳ区—坝体基础混凝土；Ⅴ区—坝体
内部混凝土；Ⅵ区—抗冲刷部位的混凝土（例如溢流面、泄水孔、导墙和闸墩等）

自　测　题

一、填空题

1. 防渗帷幕的位置布置在（　　　　）的坝轴线附近，自河床向两岸延伸一定距离，与两岸（　　　　）衔接。

2. 排水孔幕布置在（　　　　）的下游，通常在防渗帷幕灌浆后施工。

3. 坝基开挖时，应将（　　　　）挖除，直至新鲜坚固的基岩面。顺水流方向应开挖成（　　　　）的锯齿状，垂直于水流方向应开挖成（　　　　）。

二、判断题

1. 重力坝加固的措施是帷幕灌浆。　　　　　　　　　　　　　　　　　（　　　）

2. 重力坝坝基排水可降低坝基底面的扬压力，只在防渗帷幕后设置主排水孔幕。（　　　）

3. 固结灌浆的目的是防止坝基内产生机械或化学管涌。　　　　　　　　　（　　　）

4. 固结灌浆是深层高压水泥灌浆，其主要目的是为了降低坝体的渗透压力。（　　　）

三、问答题

1. 重力坝对地基有哪些要求？

2. 重力坝地基处理的措施有哪些？

3. 固结灌浆、帷幕灌浆各有什么作用？

工 作 任 务 书

工作名称	任务十　重力坝总体布置图绘制		建议学时	4 学时
班级		学员姓名	工作日期	

实训内容与目标	（1）工程枢纽的布置； （2）工程设计图的绘制
实训步骤	（1）绘制重力坝总体布置图； （2）绘制重力坝上下游立视图； （3）绘制溢流坝剖面图； （4）绘制非溢流坝剖面图； （5）绘制细部构造详图
提交成果	（1）重力坝总体布置图； （2）重力坝上下游立视图； （3）溢流坝剖面图； （4）非溢流坝剖面图； （5）细部构造详图
考核方式	（1）知识考核采用笔试、提问； （2）技能考核依据设计报告和设计图进行提问、现场答辩、项目答辩、项目技能过关考试
工作评价	小组互评	同学签名：＿＿＿＿＿＿＿　　年　月　日
	组内互评	同学签名：＿＿＿＿＿＿＿　　年　月　日
	教师评价	教师签名：＿＿＿＿＿＿＿　　年　月　日

任务十　重力坝总体布置图绘制

一、工程枢纽布置

工程枢纽布置应说明以下情况：

(1) 枢纽等级、主要建筑物级别，次要建筑物级别。

(2) 枢纽组成：非溢流坝和溢流坝。

(3) 分段情况：各种坝的分段情况，包括长度、段数等。

(4) 该枢纽主要的技术指标：坝顶高程、最低坝基高程、最大坝高、堰顶高程、坎顶高程等。

二、工程设计图纸的绘制

有部分图的设计已经在前面的工作中完成，下面主要是完成整体设计图。重力坝设计图包括内容很多，本次实训主要需完成的设计图包括重力坝下游立视图、平面布置图、主要细部构造图。一般来说设计的顺序是先绘制下游立视图，再绘制平面布置图，最后完成细部构造图，但有时这三部分工作需要交叉进行。工程图设计是一个工作量大、工作艰巨的任务，需要集中精力连续作业，否则很难在规定时间内完成任务。

1. 重力坝下游立视图设计的主要步骤

(1) 绘制坝轴河床地形线，坝轴线位置在坝址地形图中已经给出。

(2) 绘制开挖控制线。

(3) 坝的分缝分段。

(4) 对划分的各坝段从左至右标上序号。

(5) 画出实际开挖轮廓线。

(6) 定出坝顶路面线，确定坝长。

(7) 绘出溢流坝详细的立视图。

(8) 标注尺寸。

2. 重力坝平面布置图设计的主要步骤

(1) 绘出坝顶路面。

(2) 根据各分段平台高程，计算平距，绘出上游坝踵和下游坝趾线。

(3) 绘制开挖线。

(4) 绘制溢流坝平面布置图。

(5) 绘制其他部位详图。

(6) 标注尺寸。

3. 典型重力坝布置图

典型重力坝布置图如图 10-1～图 10-4 所示。

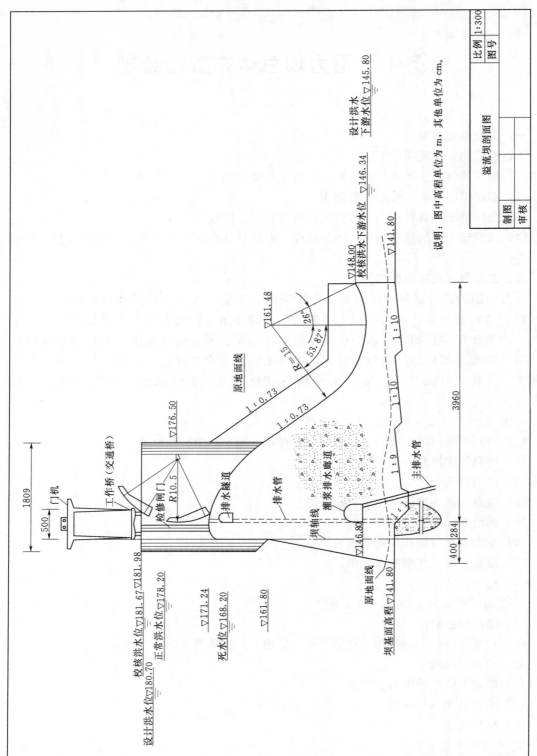

图 10－1　溢流坝剖面图

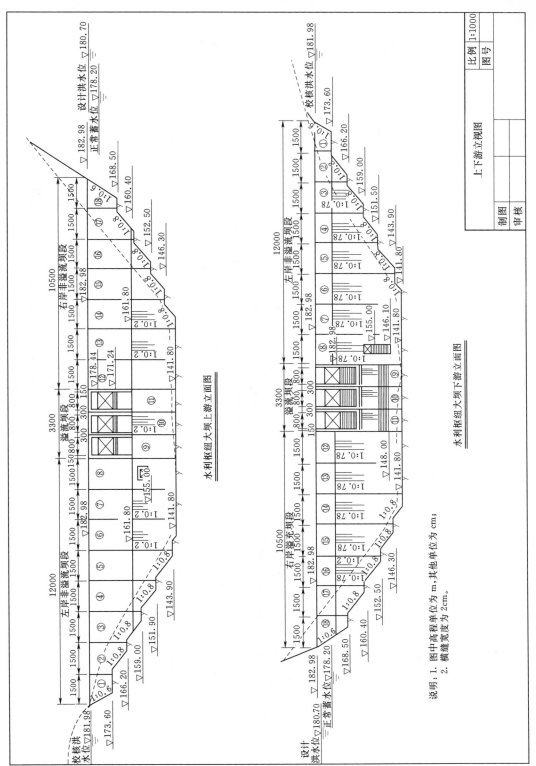

图 10-2 大坝立面图

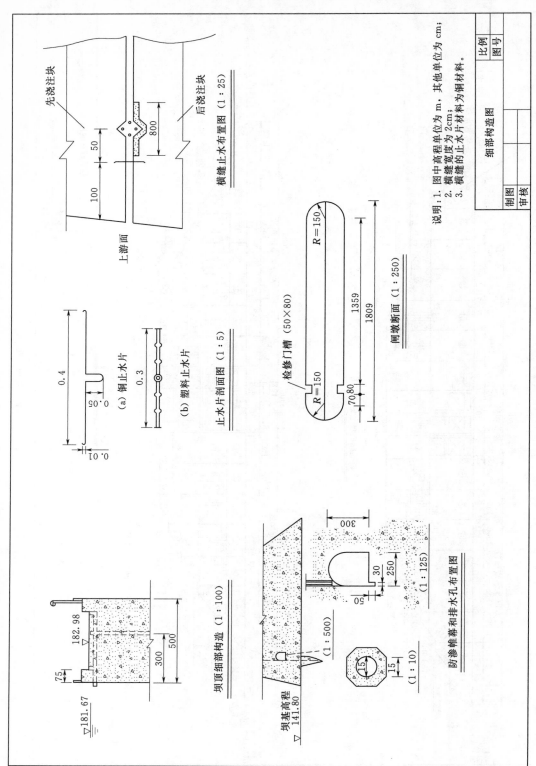

图 10 - 3 细部构造图

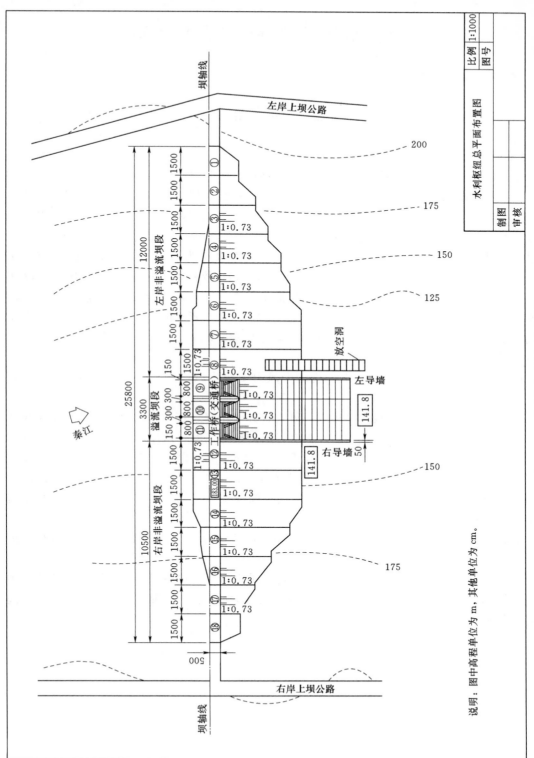

图 10 - 4　水利枢纽总平面布置图

【案例分析】 重力坝布置图绘制

绘制图 10-1～图 10-4。

自 测 题

【案例分析】

某水库枢纽工程是以灌溉为主兼顾发电和供水的综合利用工程，经坝型比较，拦河坝拟采用混凝土重力坝，水库总库容为 3.5 亿 m³，灌溉农田 18 万亩。电站采用坝后式厂房，装机容量为 4×0.32=1.28(万 kW)，拦河坝高 42m。根据 SL 252—2000《水利水电工程等级划分及洪水标准》的有关规定，该工程等别为 Ⅱ 等，主要建筑物按 2 级设计。大坝设计洪水标准为 100 年一遇 ($P=1\%$)，设计洪水位为 183.00m，设计洪峰流量为 2243m³/s，下泄设计洪水时相应下游水位为 151.30m；校核洪水标准为 1000 年一遇($P=0.1\%$)，校核洪水位为 184.73m，校核洪峰流量为 3124m³/s，相应下游水位为 153.10m。水库正常蓄水位为 182.00m，下游水位为 144.80m；水库死水位为 172.00m。坝址实测最大风速为 20m/s，多年 (10min) 平均最大风速为 14.1m/s，50 年一遇风速 (10min) 为 21.15m/s。

该流域属亚热带季风区，多年平均最大风力 8 级，风速 19m/s，风向多北风，吹程为 3000mm。

坝址位于燕山期花岗岩浸入体边缘，可大致分为新鲜岩石、微风化、半风化、全风化及残积层。河床部位为半风化花岗岩，具有足够的抗压强度。两岸风化较深呈带状，残积层较少，仅见于左岸 181.00m 高程以上，厚度约 2m。全风化层厚 5～8m，半风化右岸深 7～13m，左岸 9m。最大坝高处河床基底高程为 143.00m，坝基岩石允许承载力为 4000kPa，坝体混凝土与坝基的接触面间的抗剪断摩擦系数为 0.8，坝体混凝土与坝基接触面间的抗剪断凝聚力为 500kPa。

根据 GB 18306—2001《中国地震动参数区划图》知，该工程区的地震动峰值加速度小于 0.05g，故不考虑地震设防。

设计要求：①非溢流重力坝剖面尺寸拟定及重力坝细部构造设计（坝顶细部结构、坝体材料分区、坝体及坝基防渗排水、坝基处理）；②坝体稳定分析、坝基应力计算；③溢流重力坝剖面设计。

工 作 任 务 书

工作名称	任务十一 其他类型重力坝认知		建议学时	4 学时
班级		学员姓名	工作日期	

实训内容 与目标	（1）认识碾压混凝土重力坝； （2）认识支墩坝； （3）识图
实训步骤	（1）掌握其他类型重力坝工作特点及适用条件； （2）理解各种重力坝的区别及应用
提交成果	根据不同类型重力坝的工作特点、适用条件、区别及应用，提交一篇报告书
考核方式	（1）知识考核采用笔试、提问； （2）技能考核依据设计报告和图纸进行提问、现场答辩、项目答辩、项目技能过关考试

工作评价	小组 互评	同学签名：_____ 年 月 日
	组内 互评	同学签名：_____ 年 月 日
	教师 评价	教师签名：_____ 年 月 日

任务十一　其他类型重力坝认知

一、碾压混凝土重力坝

碾压混凝土重力坝是利用自卸汽车、皮带输送干贫混凝土入仓，推土机平仓薄层大仓面浇筑，用高效振动碾分层碾压而筑成的坝。本任务采用了常态实体重力坝的型式，土坝施工的方法。与常态混凝土坝相比其优点是：构造简单，施工方便，建筑速度快，经济，效益高；缺点：防渗、防冻、抗裂性能差。

碾压混凝土坝设计时应考虑如下几个方面：

（1）为了满足稳定、散热要求，水泥用量减少，容重降低，为稳定计采用振动碾碾压，底部及两岸连接部位不平整，需垫常规混凝土；廊道、管道周围应满足应力要求，需设在常态混凝土内，发电引水钢管用坝后背管，坝内部分设在常态混凝土内；可以设横缝，也可不设。设缝时稳定分析同前；不设时按整体计算。横缝在碾压后凝固前用振动切缝机切成，缝内可充填聚氯乙烯板。

（2）满足强度要求有三种配比材料：①贫胶凝材料，含量 $60\sim80kg/m^3$，粉煤灰占 30%；②中胶凝材料，低粉煤灰碾压混凝土，胶凝材料 $120kg/m^3$，粉煤灰占 $20\%\sim30\%$；③富胶凝材料，高粉煤灰碾压混凝土，胶凝材料 $150kg/m^3$，粉煤灰 50%；以低粉煤灰用得最多。

施工质量用稠度（拌和物从开始振动至表面泛浆所需的时间，以秒计，$VC=10\sim25s$，坝工中采用 $VC\approx15s$）控制，即用 VC 值控制。VC 值用维勃稠度测定仪测定。

（3）满足防渗要求，加入粉煤灰后的层面防渗性能不如常态混凝土，水平向渗透系数远大于垂直向的，常采取三种方式设防渗层：

1）"金包银"式，坝体的上下游面、底部用常规混凝土，内部用碾压混凝土。"金"的厚度由抗渗、抗冻、抗冲耐磨、强度、构造和施工要求决定，上游面不小于 2.5m。廊道、管道周围用钢筋混凝土，其他部位用碾压混凝土。粉煤灰含量 30%，碾压层厚 $75\sim100cm$。此种形式水泥用量相对较多，施工干扰较大，造价相对高一些。

2）用常规混凝土作模板兼坝面防护层，内部用高粉煤灰掺量的碾压混凝土，粉煤灰占胶凝材料总量的 70%，填筑时采用薄层连续碾压，层面不进行处理，多数不设横缝。这种形式基本上是从现代碾压土石坝演变而来。

3）剖面大部分为碾压混凝土，防渗采用下列四种措施之一：

a. 设沥青防渗层，用预制钢筋混凝土板做护面。如我国的坑口坝。

b. 敷设合成橡胶防渗薄板，如复合土工膜。

c. 喷涂低黏度聚合物防渗层。

d. 在上游面安装预制空格模板，随坝体上升，在其中浇常规混凝土，或预填骨料，然后灌浆，形成防渗板。

上述四种形式，显示出不同的指导思想，其结果也有差别，工程界较为一致的认识为坝体内应少设廊道和孔洞；设廊道时要有可靠的止水措施，使廊道与坝体柔性连接。为保证质量可在碾压后"挖出"廊道，回填无胶凝材料的骨料，继续填筑，工程完工后再挖掉回填骨料形成廊道和孔洞；基岩两岸部位，填常规混凝土以形成仓面；不设纵缝；不设冷却水管。

（4）发展过程中争论的问题：①横向收缩缝的必要性问题；②上游面的处理问题；③碾压层厚度和层间水平施工缝的处理问题；④合适的骨料组成与混凝土配合比问题；⑤坝身排水设施及廊道设置问题；⑥关于裂缝的发生和分析问题。

二、支墩坝

支墩坝由一系列独立的支墩和挡水面板组成，支墩顺坝轴线排列，上游面设挡水面板，遮断河谷，形成挡水面。库水压力由面板传递给支墩，再由支墩传递给地基。其工作原理是利用水重和自重在坝基面产生的摩擦力来抵抗水平水压力以维持稳定。根据挡水面板的形状可将支墩坝分为如下三种型式，如图 11-1 所示。

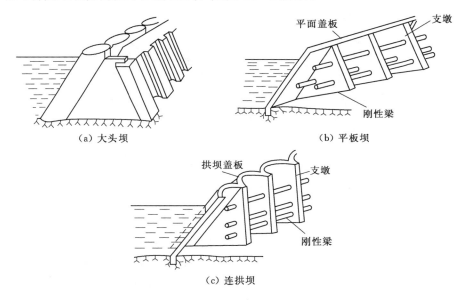

（a）大头坝　　　　　　　　（b）平板坝

（c）连拱坝

图 11-1　支墩坝的类型

1. 平板坝

这是支墩坝的最早型式，常用的是简支式平板坝。它的面板是一个平面，平板与支墩在结构上互不相连。优点：①平板的迎水面上不产生拉应力；②对温度变化的敏感性差；③地基变形对坝身应力分布影响不大，对地基要求不十分严格。适用场合：地基不均匀变化较大，坝高 40m 以下的坝。

2. 连拱坝

由于平板坝的面板受力条件不好，需将面板的形式加以改进，混凝土的抗压性能好，所以可以把平面的面板改为圆弧面板（拱），即连拱坝。在河谷较宽时，若采用拱坝，拱作用得不到充分发挥，且混凝土用量多（中心角越大，弧长越长）。将面板做成拱形的，其受力条件较好，能较好地利用材料强度。如我国的梅山连拱坝 1956 年建成，坝高 88.24m，是当时世界上最高的坝，它比美国 1938 年建造的巴特勒（Bartlett）坝 （87.19m）高 1.05m；佛子岭连拱坝高 74.4m。现在世界上最高的是 20 世纪 60 年代初期开始建造的加拿大丹尼尔约翰逊（Daniel Johnson）连拱坝，高 214m。它的混凝土体积仅为同等高度重力坝的一半。

适用场合：连拱坝是空间超静定结构，对地基变形、温度变化较敏感，故对地基要求相对要高。

3. 大头坝

大头坝介于宽缝重力坝和轻型支墩坝（平板坝和连拱坝）之间，属于大体积混凝土结构，它具有宽缝重力坝和轻型支墩坝两者的优点，表现在：①钢筋用量少（2～3kg/m³），而平板坝和连拱坝钢筋用量为 30～40kg/m³；②混凝土体积小，混凝土体积随坝高变化，坝高越高，节省的混凝土体积越多（$H=40m$ 时，节省 30%；$H=100m$ 时，节省 40%）；③坝顶可以溢流，单宽流量 q 可达 100m³/(s·m)，如湖南柘溪单宽流量为 136m³/(s·m)。

大头坝的头部形式如图 11-2 所示。

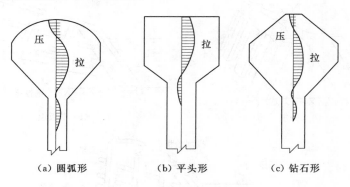

(a) 圆弧形　　　　　(b) 平头形　　　　　(c) 钻石形

图 11-2　大头坝的头部形式

平头形大头坝施工方便，但应力条件不好，挡水面常有抗应力，近代较少采用；圆头式水压力环向辐射，应力情况好，但模板复杂；折线式（或叫钻石式）兼有以上两者优点，应力情况接近圆头式，施工也较方便，我国已建的大头坝都采用这种形式。

大头坝不同类型支墩形式如图 11-3 所示。

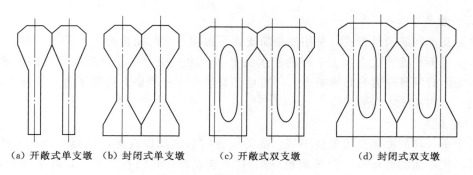

(a) 开敞式单支墩　　(b) 封闭式单支墩　　(c) 开敞式双支墩　　　(d) 封闭式双支墩

图 11-3　大头坝不同类型支墩的水平剖面图

开敞式单支墩结构简单，施工方便，便于观察检修，但侧向刚度较低，寒冷地区保温条件差；封闭式单支墩这种形式是将支墩下游面扩大后互相紧贴而成，较为多用。优点：侧向刚度较高，墩间空腔封闭保温条件好，适用于地震地区和寒冷地区，溢流布置方便，采用最广泛。开敞式双支墩侧向刚度高，可改变头部应力状态，但施工复杂；封闭式双支墩侧向刚度最高，施工最复杂，目前采用不多。

自　测　题

一、简答题

1. 简述碾压混凝土坝的防渗措施。
2. 简述支墩坝的形式和各自的优缺点。